營銷策劃中的常用資料分析方法

主編 樊華 副主編 張梁平

前言

　　隨著國內營銷實踐水平的逐步提升，營銷策劃正變得越來越規範和精細，量化分析在營銷策劃中的地位也體現得愈來愈重要。《營銷策劃中的常用數據分析方法》是面向高等院校市場營銷、經濟管理相關專業和營銷實踐者的一本專業教材。本書的核心內容是以 SPSS 軟件為主，輔以 Excell 軟件、AHP 軟件、AMOS 軟件，對營銷策劃中的常用數據分析方法進行實例性的應用講解。全書依據營銷策劃的功能模塊共分 10 個實驗項目：

　　項目一：市場分析準備，主要介紹如何對 SPSS 數據文件做數據預處理。

　　項目二：市場需求預測，主要介紹時間序列法和迴歸法兩種市場需求預測方法。

　　項目三：市場細分，主要介紹綜合運用因子分析、聚類分析和列聯分析方法進行市場細分。

　　項目四：市場定位，主要介紹如何運用多維尺度法繪製知覺圖技術來進行市場定位。

　　項目五：價格分析，主要介紹如何運用 PSM 模型進行定價。

　　項目六：產品概念篩選，主要介紹如何運用聯合分析法來進行產品概念篩選。

　　項目七：品牌分析，主要介紹如何運用對應分析法以及層次分析法（AHP 軟件）來進行品牌分析。

　　項目八：廣告投入分析，主要介紹如何運用曲線估計來迴歸分析廣告投入與產出的關系。

　　項目九：促銷組合分析，主要介紹如何通過 Excell 軟件運用線性規劃的方法來尋找最優的促銷組合。

　　項目十：顧客滿意度分析，主要介紹如何通過 AMOS 軟件運用結構方程模型來分析顧客滿意度。

　　本書的編寫以問題為向導，以工具操作為輔助，以實例應用為目的，充分體現了營銷策劃是理論與實踐緊密結合的一門應用性很強的學科。

目 錄

第一講　市場分析準備 ………………………………………………（1）

第二講　市場需求預測 ………………………………………………（23）

第三講　市場細分 ……………………………………………………（41）

第四講　市場定位 ……………………………………………………（68）

第五講　價格分析 ……………………………………………………（82）

第六講　篩選新產品概念 ……………………………………………（94）

第七講　品牌分析 ……………………………………………………（103）

第八講　廣告投入分析 ………………………………………………（116）

第九講　促銷組合分析 ………………………………………………（119）

第十講　顧客滿意度分析 ……………………………………………（125）

第一講　市場分析準備

【實驗目的】

1. 熟練掌握 SPSS 中常用文件處理方法。
2. 熟練掌握 SPSS 中常用數據轉換方法。

【知識儲備】

1. 文件處理：在統計分析過程中，有時需要改變數據文件的組織形式。例如：合併或拆分數據文件、數據重新排序、數據轉置、分類匯總等。
2. 數據轉換：在統計分析過程中經常需要對原始數據進行轉換來適應要執行的分析類型。例如：計算生成新的變量、產生計數變量、變量重新賦值等。

【實驗一】　變量合併

【例】數據 1-1-1 和數據 1-1-2 分別是某班上 40 位同學的數學和語文成績，請把他們的數學和語文成績合併在一個數據文件中。

操作：打開數據文件「1-1-1」，進入 SPSS 數據編輯器窗口，在菜單欄中選擇「數據」→「合併文件」→「添加變量」命令，如圖 1-1 所示：

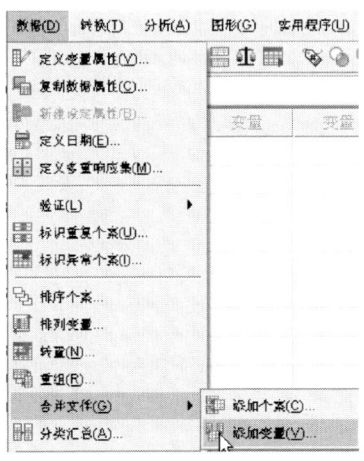

圖 1-1

然後在得到的對話框中單擊「瀏覽」按鈕，如圖1-2：

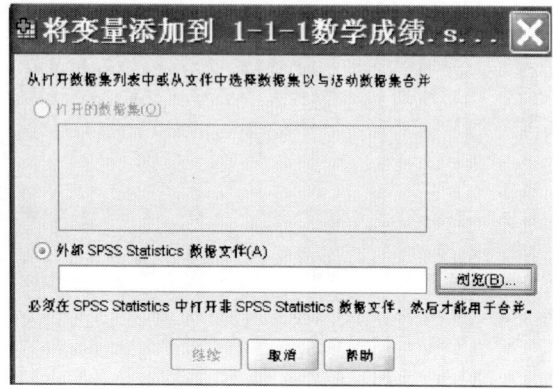

圖 1-2

在得到的對話框中，選中文件「1-1-2語文成績.sav」，然後單擊「打開」按鈕，如圖1-3所示：

圖 1-3

而後在得到的對話框中單擊「繼續」按鈕，如圖1-4所示：

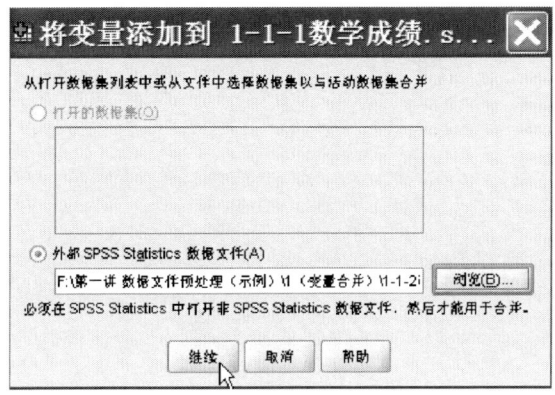

圖 1-4

在得到的對話框中單擊「確定」，如圖 1-5：

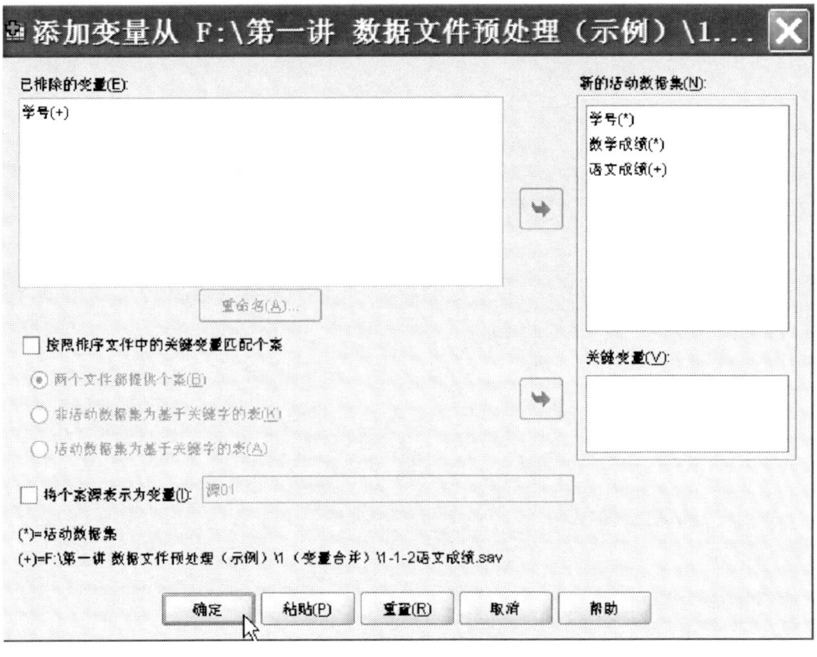

圖 1-5

最後可得到添加了語文成績的新數據文件，如圖 1-6：

学号	数学成绩	语文成绩
1	62	72
2	63	65
3	66	54
4	67	71
5	69	67
6	73	80
7	74	74
8	78	78
9	79	83
10	81	86
11	81	78
12	82	85
13	84	80
14	84	86
15	84	78
16	85	89

圖 1-6

【實驗二】合併個案

【例】數據 1-2-1 和數據 1-2-2 分別是某班上 50 位同學和 30 位同學的數學成績，請把他們的數學成績合併在一個數據文件中。

操作：打開數據文件「1-2-1」，進入 SPSS 數據編輯器窗口，在菜單欄中選擇「數據」→「合併文件」→「添加個案」命令，如圖 1-7 所示：

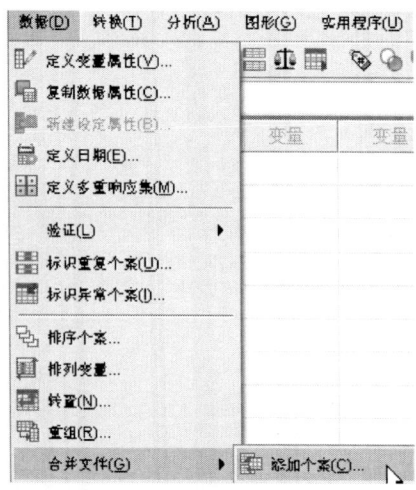

圖 1-7

在得到的對話框中，單擊「瀏覽」按鈕，如圖1-8所示：

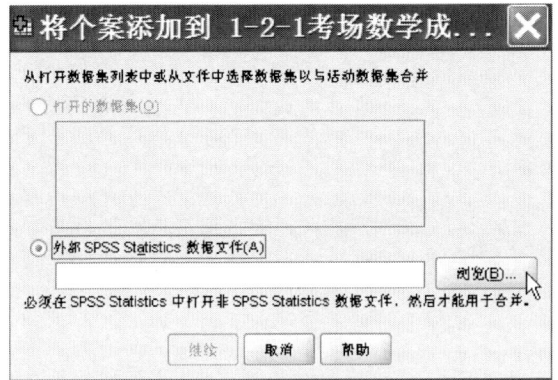

圖1-8

在得到的對話框中，找到數據「1-2-2考場數學成績.sav」的位置，然後單擊「打開」按鈕，如圖1-9所示：

圖1-9

在接下來的對話框中，單擊「繼續」按鈕，如圖1-10所示：

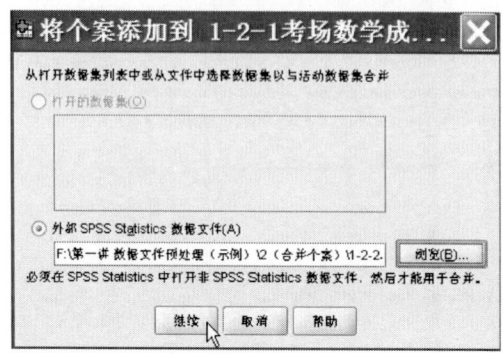

圖 1-10

在得到的對話框中單擊「確定」按鈕，如圖 1-11 所示：

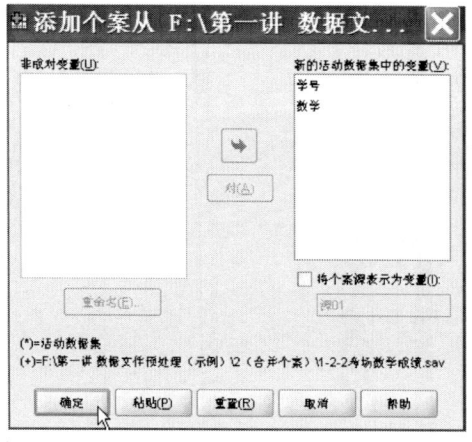

圖 1-11

即可得到合併完成後的兩個考場共計 80 位同學的數學成績，如圖 1-12 所示：

	学号	数学
49	49	57
50	50	64
51	51	72
52	52	73
53	53	76
54	54	77
55	55	78
56	56	78
57	57	79
58	58	83
59	59	85
60	60	86
61	61	89
62	62	92

圖 1-12

【實驗三】拆分文件

【例】數據 1-3 是某公司 5 個不同片區的共計 25 位銷售員的年度銷售業績，請按區域劃分銷售人員的業績，以便於對比分析。

操作：打開數據文件「1-3」，進入 SPSS 數據編輯器窗口，在菜單欄中選擇「數據」→「拆分文件」命令，如圖 1-13 所示：

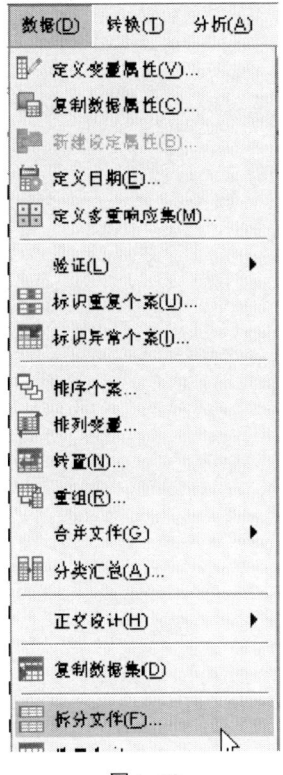

圖 1-13

在得到的對話框中，選擇「按組組織輸出」，把「片區」選入「分組方式」對話框，然後單擊「確定」，如圖 1-14 所示：

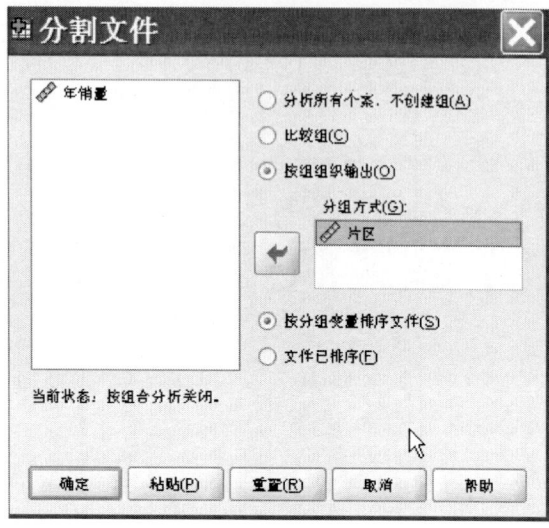

圖 1-14

最後得到按片區排序的 25 位銷售員的業績，如圖 1-15：

年銷量	片區
18.0	1
35.0	1
38.0	1
63.0	1
76.0	1
71.0	2
89.0	2
108.0	2
112.0	2
136.0	2
72.0	3
75.0	3
82.0	3
92.0	3
125.0	3

圖 1-15

【實驗四】 數據排序

【例】數據 1-4 是國內不同地區的平均工資，請利用數據排序功能對不同地區按職

工平均工資進行排序。

操作：打開數據文件「1-4」，進入 SPSS 數據編輯器窗口，在菜單欄中選擇「數據」→「排序個案」命令，如圖 1-16 所示：

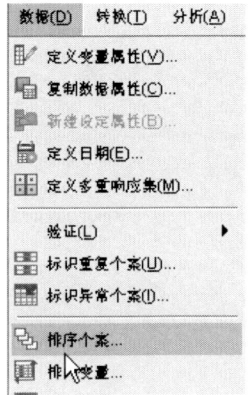

圖 1-16

在得到的對話框中，把「平均工資」選入「排序依據」對話框，然後單擊「確定」按鈕，如圖 1-17 所示：

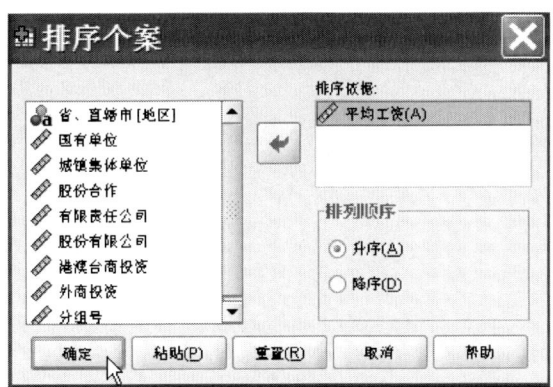

圖 1-17

而後可得到如圖 1-18 所示結果：按各地區平均工資的升序排列。

	地區	平均工資	国有单位	城镇集体单位	股份合作	有限责任公司
1	河南	9174	9864	6664	7153	9188
2	江西	9262	9607	5859	6257	10177
3	安徽	9296	9961	5808	5607	9148
4	山西	9357	9931	5524	5914	9994
5	海南	9480	9368	6615	13712	10840
6	湖北	9611	10403	6534	6562	8725
7	内蒙古	9683	10287	6431	5396	8793
8	贵州	9810	10150	6566	7727	9820
9	黑龙江	9926	9921	5100	10623	8892
10	吉林	9990	10369	6411	7678	8746

圖 1-18

【實驗五】 數據轉置

【例】數據 1-5 是某公司 20 位顧客對其產品滿意度的評分，請以顧客編號作為變量，把滿意度評分作為觀測量來轉置形成一個新的數據文件。

操作：打開數據文件「1-5」，進入 SPSS 數據編輯器窗口，在菜單欄中選擇「數據」→「轉置」命令，如圖 1-19 所示：

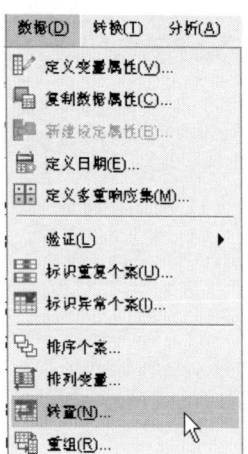

圖 1-19

得到圖 1-20 所示對話框：

圖 1-20

然後在得到的對話框中，將「顧客編號」選入「名稱變量」對話框，把「滿意度評分」選入「變量」對話框，然後單擊「確定」按鈕，如圖 1-21 所示：

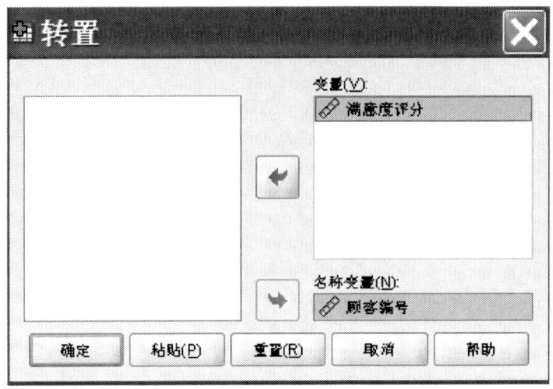

圖 1-21

最後得到轉置後的數據文件，如圖 1-22 所示：

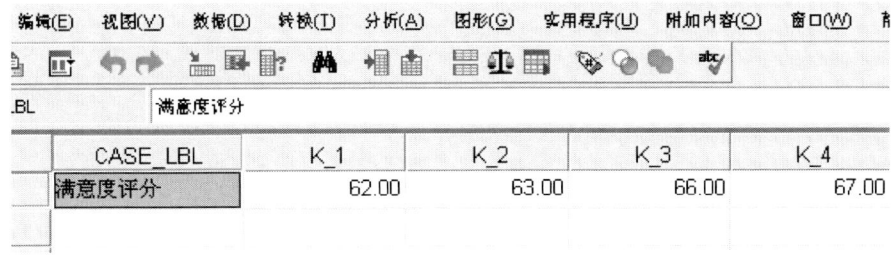

圖 1-22

【實驗六】 分類匯總

【例】數據 1-6 是某班上 40 位同學的語文和數學成績，為分析比較不同性別的學生對知識的掌握程度，請按性別分別輸出語文和數學成績的均值。

操作：打開數據文件「1-6」，進入 SPSS 數據編輯器窗口，在菜單欄中選擇「數據」→「分類匯總」命令，如圖 1-23 所示：

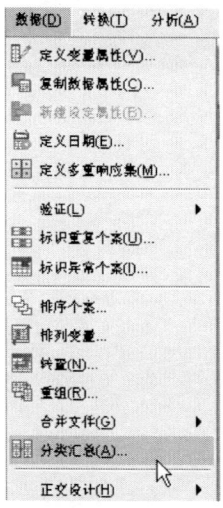

圖 1-23

得到如圖 1-24 所示對話框：

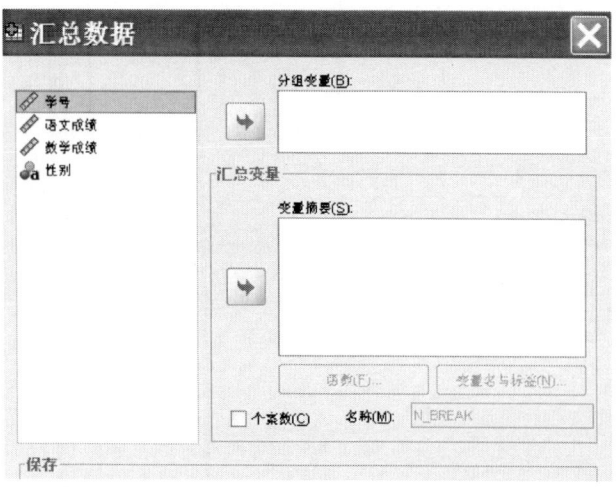

圖 1-24

把「性別」選入「分組變量」對話框，把「語文成績」和「數學成績」分別選入「變量摘要」對話框，然後單擊「函數」按鈕，如圖1-25所示：

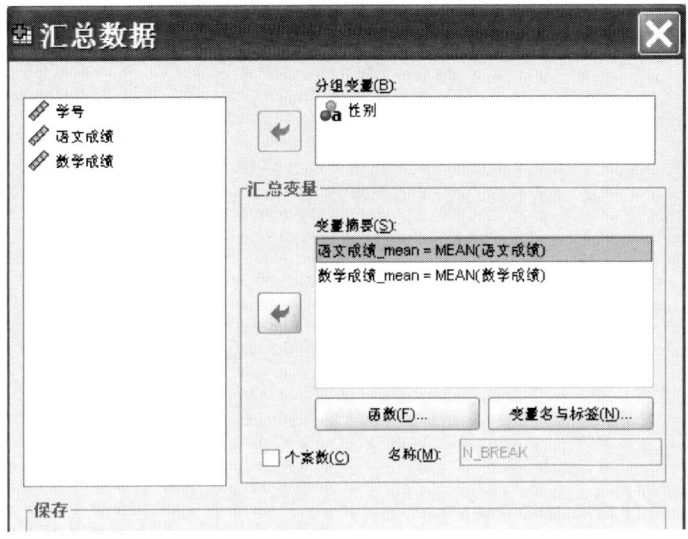

圖1-25

在得到的對話框中選擇匯總函數的類型，然後單擊「繼續」，如圖1-26所示：

圖1-26

單擊「變量名與標籤」按鈕，在彈出的對話框中設置匯總後產生的新變量變量名與變量標籤，然後單擊「繼續」，如圖1-27：

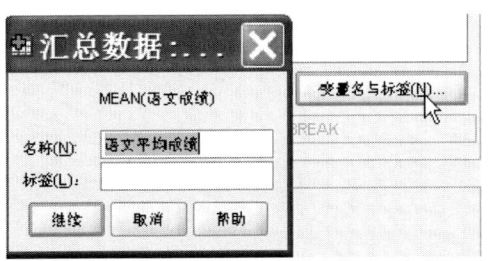

圖1-27

接下來同樣設置「數學平均成績」,最後單擊「確定」按鈕,如圖 1-28 所示:

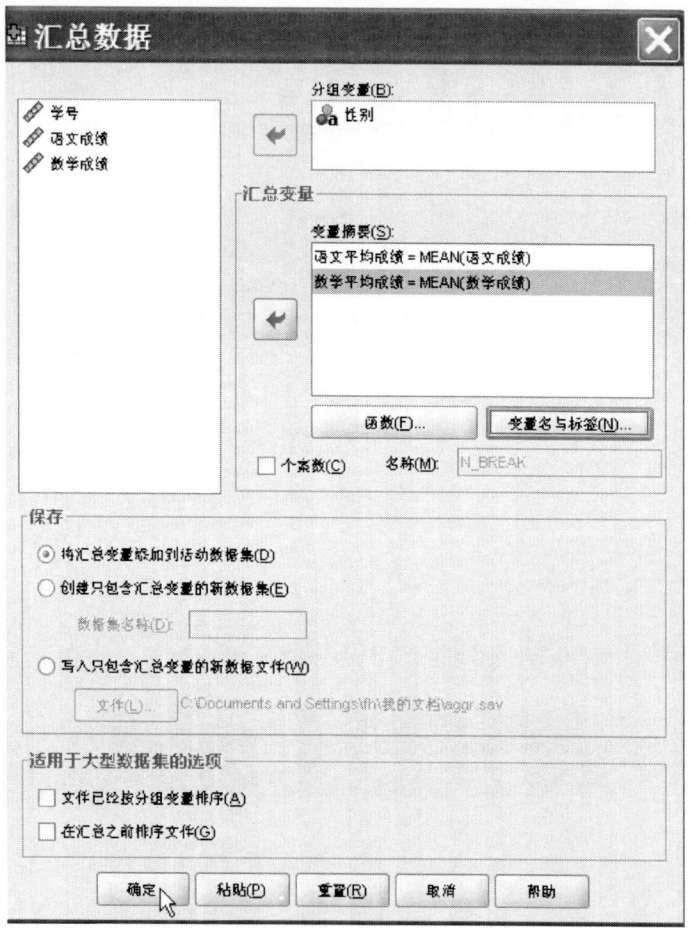

圖 1-28

最後即可得到按性別分類匯總後語文和數學的平均成績,如圖 1-29:

学号	语文成绩	数学成绩	性别	语文平均成绩	数学平均成绩
16	85	89	男	78.20	79.15
17	87	88	男	78.20	79.15
18	88	90	男	78.20	79.15
19	88	87	男	78.20	79.15
20	89	92	男	78.20	79.15
21	57	67	女	77.85	80.35
22	64	62	女	77.85	80.35
23	72	77	女	77.85	80.35
24	73	78	女	77.85	80.35
25	76	78	女	77.85	80.35
26	77	80	女	77.85	80.35

圖 1-29

【實驗七】 分類匯總

【例】 數據 1-7 是某班上 40 位同學的語文和數學成績，請分別計算他們語文和數學的平均成績。

操作：打開數據文件「1-7」，進入 SPSS 數據編輯器窗口，在菜單欄中選擇「轉換」→「計算變量」命令，如圖 1-30 所示：

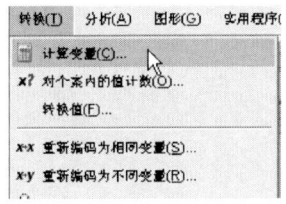

圖 1-30

在「目標變量」對話框中，輸入「平均成績」，然後單擊「類型與標籤」按鈕，如圖 1-31 所示：

圖 1-31

在彈出的對話框中，輸入「平均成績」，然後單擊「繼續」，如圖 1-32 所示：

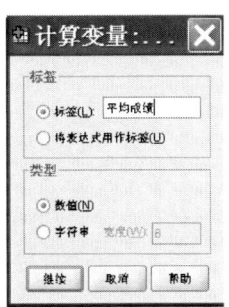

圖 1-32

15

從源變量列表中選擇生成新變量所依據的變量,將其選入「數字表達式」列表中參與模型表達式的構建,利用「數字表達式」下方的鍵盤進行數字與符號輸入,亦可從「函數組」列表中選擇相應的函數將其選入「數字表達式」列表中參與表達式的構建,然後單擊「確定」按鈕,如圖 1-33 所示:

圖 1-33

最後即得到新的變量「平均成績」生成的結果,如圖 1-34 所示:

学号	语文成绩	数学成绩	平均成绩
1	62	72	67.00
2	63	65	64.00
3	66	54	60.00
4	67	71	69.00
5	69	67	68.00
6	73	80	76.50
7	74	74	74.00
8	78	78	78.00
9	79	83	81.00
10	81	86	83.50

圖 1-34

【實驗八】 產生計數變量

【例】數據 1-8 是某班上 40 位同學的語文和數學成績，請計算成績為優秀（大於等於 90 分）的人次。

操作：打開數據文件「1-8」，進入 SPSS 數據編輯器窗口，在菜單欄中選擇「轉換」→「對個案內的值計數」命令，如圖 1-35 所示：

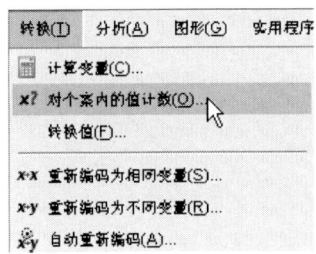

圖 1-35

在彈出的對話框中，在「目標變量」和「目標標籤」中分別輸入「優秀人次」，把「語文成績」和「數學成績」選入「數字變量」對話框，然後單擊「定義值」按鈕，如圖 1-36 所示：

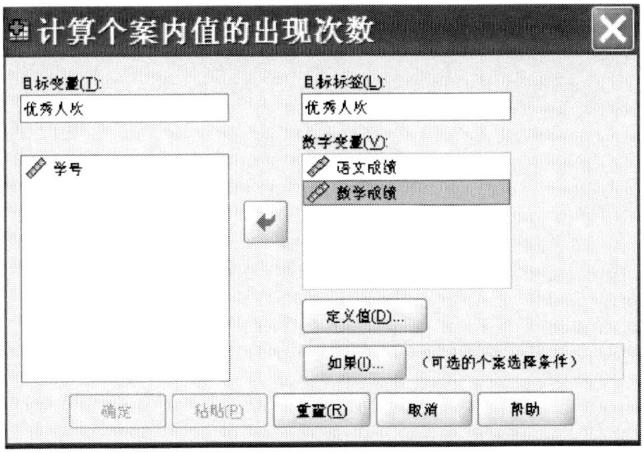

圖 1-36

在彈出的對話框中，單擊「範圍：從值到最高」選項，填入「90」，如圖 1-37 所示：

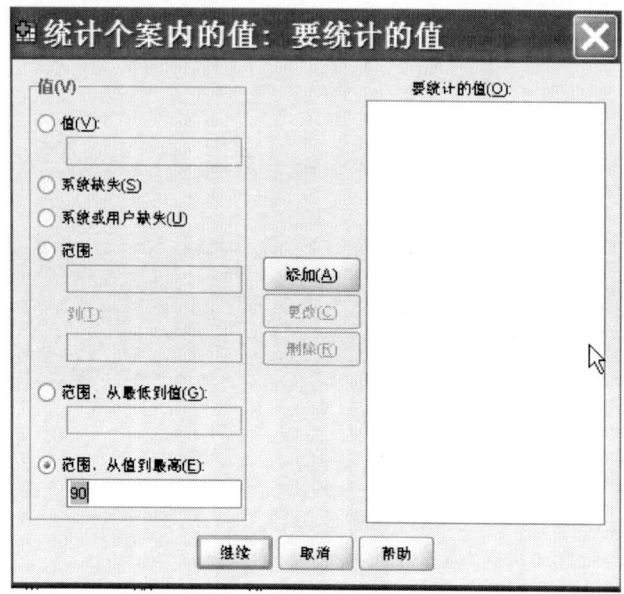

圖 1-37

然後單擊「添加」按鈕，將其選入「要統計的值」列表，如圖 1-38 所示：

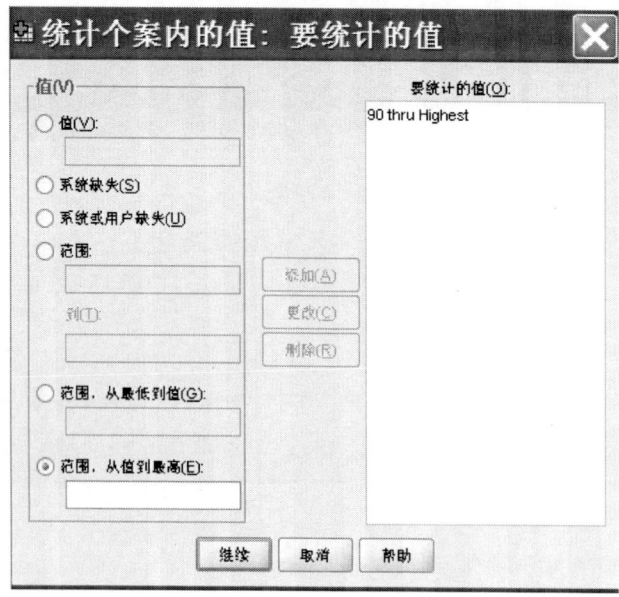

圖 1-38

單擊「繼續」按鈕回到上層對話框，然後單擊「確定」按鈕即可得到結果，如圖 1-39 所示：

学号	语文成绩	数学成绩	优秀人次
16	85	89	0.00
17	87	88	0.00
18	88	90	1.00
19	88	87	0.00
20	89	92	1.00
21	90	87	1.00
22	96	97	2.00
23	53	53	0.00
24	62	63	0.00
25	63	76	0.00

圖 1-39

【實驗九】變量重新賦值

【例】數據 1-9 是某班上 40 位同學的語文和數學成績，請將成績換算為優良（用數字 1 代替，大於等於 80 分）、及格（用數字 2 代替，60 分~79 分）和不及格（用數字 3 代替，59 分及以下）三個檔次。

操作：打開數據文件「1-9」，進入 SPSS 數據編輯器窗口，在菜單欄中選擇「轉換」→「重新編碼為相同變量」命令，如圖 1-40 所示：

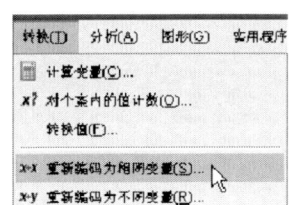

圖 1-40

在彈出的對話框中，將「語文成績」和「數學成績」選入「數字變量」對話框中，然後單擊「舊值和新值」按鈕，如圖 1-41 所示：

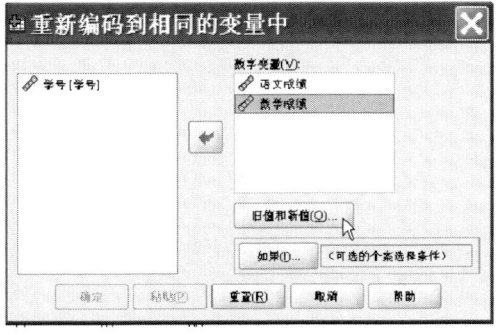

圖 1-41

在彈出的對話框中的「範圍：從值到最高」填入「80」，在「新值」的「值」對話框中填入「1」，如圖 1-42 所示：

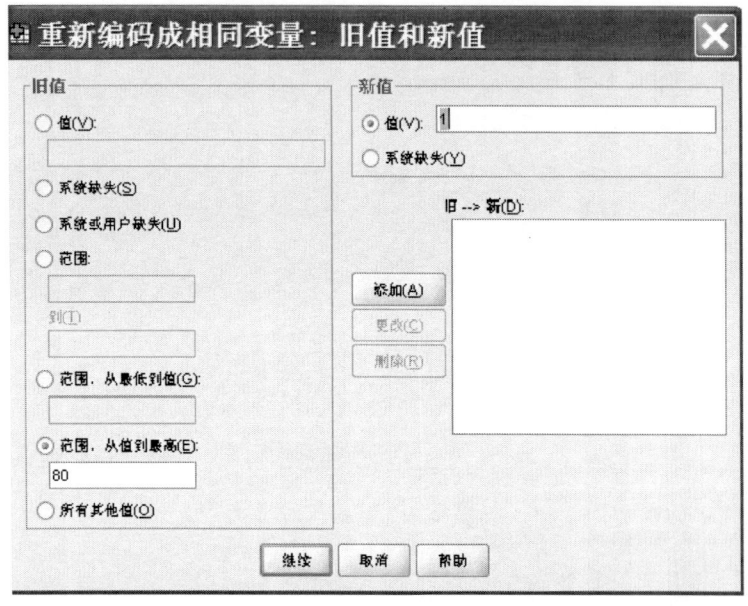

圖 1-42

接著單擊「添加」按鈕，將其加入「舊→新」對話框中，如圖 1-43 所示：

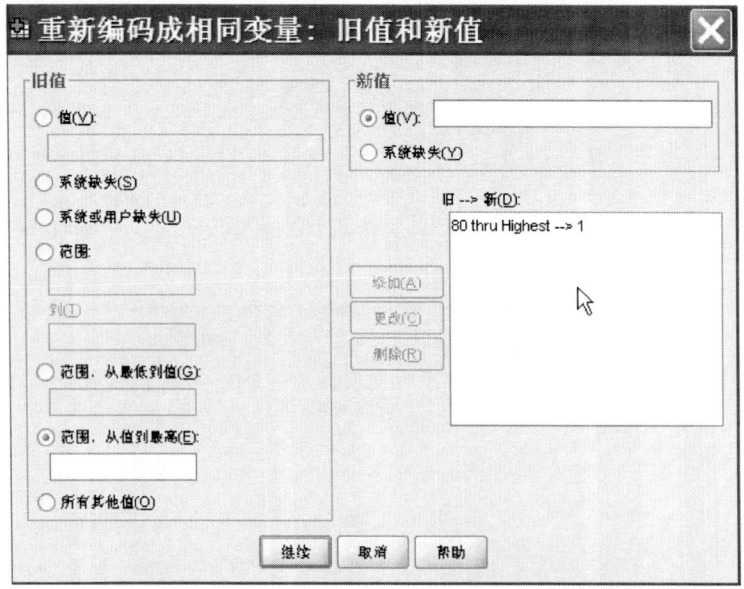

圖 1-43

類似操作，分別把「60—79」和「59 以下」分別賦以新的編碼「2」「3」，然後

單擊「繼續」按鈕，如圖 1-44 所示：

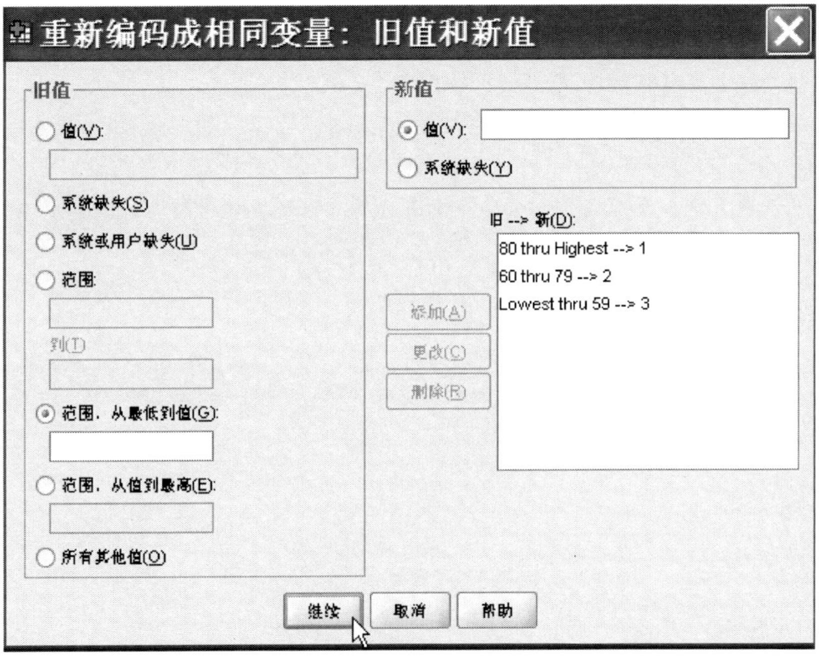

圖 1-44

回到上一層對話框中單擊「確定」即可得到對語文和數學成績進行重新賦值的結果，如圖 1-45 所示：

学号	语文成绩	数学成绩
1	2	2
2	2	2
3	2	3
4	2	2
5	2	2
6	2	1
7	2	2
8	2	2
9	2	1
10	1	1
11	1	2
12	1	1
13	1	1
14	1	1
15	1	2
16	1	1

圖 1-45

【營銷應用】

1. 請根據「大學生村官調查問卷」，編製 SPSS 變量視圖，並錄入 q1、q24 和 q27。
2. 請根據 1-2GDP 數據計算人均 GDP。
3. 請根據 1-3 體重數據，將其重新編碼為不同變量並排序。其中把「體重」編碼為：1（20kg 以上為超重）、2（18~20kg 為良好）和 3（18kg 以下為一般）。
4. 請根據 1-4 血壓數據，分別以「單位」和「性別」來拆分與合併數據。

第二講　市場需求預測

【實驗目的】

1. 熟練掌握運用時間序列法來預測市場需求，包括指數平滑法和季節週期法的 SPSS 操作。

2. 熟練掌握一元線性迴歸分析的 SPSS 操作。

【知識儲備】

1. 時間序列法的基本概念

將過去的數據按時間順序進行排列，然後應用數理統計法進行處理，來預測市場需求的發展。其基本原理有二：一是認同市場需求發展的延續性，即從「過去」可以推導「未來」；二是認同市場需求發展的隨機性，故要對歷史數據進行處理。時間序列法主要包括確定時間序列法和隨機時間序列法，從便於應用的角度考慮，此處僅介紹確定時間序列法，即移動平均法、指數平滑法和季節週期法。

2. 普通時間序列圖的作用

普通時間序列圖是用來反應變量隨時間的變化發展趨勢的統計圖形，通過繪製該圖形，我們可以大致觀察出變量有無週期性及隨時間變化的趨勢，然後再選擇相應的模型進行預測。需要說明的是，此處介紹的普通時間序列圖僅僅是時間序列圖中最簡單的一種。

3. 指數平滑法的基本模型

在利用時間序列預測過程中，歷史數據對未來發展的影響效果是不同的，近期數據通常比遠期數據更具有預測價值。指數平滑法考慮了這一影響，把各期歷史數據按時間順序加權處理來進行時間序列預測，它通常適合中短期預測。

設有一組時間序列為 $\{Yt\}$：y_1, y_2, $\cdots$, y_t，則其預測值計算如下：

$$S_{t+1} = \alpha Y_t + (1-\alpha) S_t$$

其中，S_{t+1} 為 $t+1$ 時期時間序列的預測值；Y_t 為 t 時期時間序列的實際值；S_t 為 t 期時間序列的預測值；α 為平滑常數（$0 \leq \alpha \leq 1$）。

4. 季節分解模型原理

季節性變動是指由於季節因素導致的時間序列的有規則變動。在營銷活動中，自然原因、節假日、風俗習慣等均會引起市場需求的季節性變動。季節分解法的目的是把這種季節波動性因素給剔除出來，從而可以分析去除這種季節性因素影響後市場需求的內在規律。

5. 一元線性迴歸分析

迴歸分析法屬於一種因果關系分析法，線性迴歸是市場預測中的一種主要迴歸方法，一元線性迴歸則是其中最簡單的一種分析方法，適用於確定兩個變量之間的線性關系，其模型如下：

$$Y_t = a + bx_t$$

其中，Y_t 為預測值；a、b 為迴歸系數；x_t 為自變量。

【實驗一】定義時間變量

在 SPSS 中進行時間序列分析時，必須先根據數據的時間格式進行時間變量定義，因為 SPSS 不會自動把數據識別為時間序列數據，定義時間變量的操作如下：

【例】某旅遊景點 2010 年 1 月至 2013 年 12 月的門票收入統計如圖 2-1 所示，請按月份定義時間變量。

操作：打開數據文件「2-1」，進入 SPSS 數據編輯器窗口。

	年	月	門票收入
1	2010	1	70
2	2010	2	93
3	2010	3	60
4	2010	4	72
5	2010	5	125
6	2010	6	89
7	2010	7	101
8	2010	8	112
9	2010	9	97
10	2010	10	135

圖 2-1

在菜單欄中選擇「數據」→「定義日期」命令，如圖 2-2 所示：

圖 2-2

打開「定義日期」對話框，在「個案為」列表框中選擇「年份，月份」，然後在「第一個個案」選項組中的「年」和「月份」文本框中輸入數據開始的具體年份 2010 和月份 1，如圖 2-3 所示：

圖 2-3

單擊「確定」，完成時間變量的定義，保存為數據「2-2」，如圖 2-4 所示：

年	月	門票收入	YEAR_	MONTH_	DATE_
2010	1	70	2010	1	JAN 2010
2010	2	93	2010	2	FEB 2010
2010	3	60	2010	3	MAR 2010
2010	4	72	2010	4	APR 2010
2010	5	125	2010	5	MAY 2010
2010	6	89	2010	6	JUN 2010
2010	7	101	2010	7	JUL 2010
2010	8	112	2010	8	AUG 2010
2010	9	97	2010	9	SEP 2010
2010	10	135	2010	10	OCT 2010

圖 2-4

【實驗二】繪製普通時間序列圖

打開數據文件「2-1」，進入 SPSS 數據編輯器窗口，在菜單選項中依次選擇「分析」→「預測」→「序列圖」選項卡，如圖 2-5 所示：

圖 2-5

打開如圖 2-6「序列圖」主對話框，從變量列表中把「門票收入」選入「變量」列表中，把「月」選入「時間軸標籤」列表中，其他均採用默認設置。

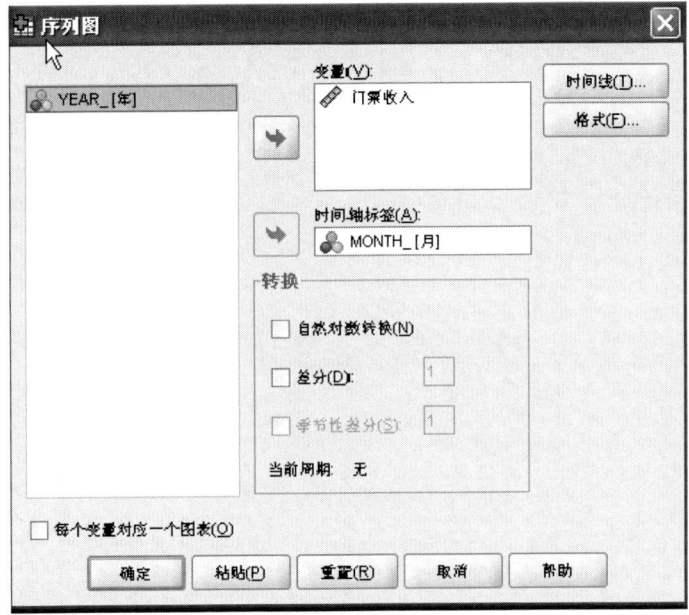

圖 2-6

設置完畢後，單擊「序列圖」對話框中的「確定」按鈕，就可以在 SPSS 查看器窗口得到普通時間序列圖相關結果，如圖 2-7 所示：

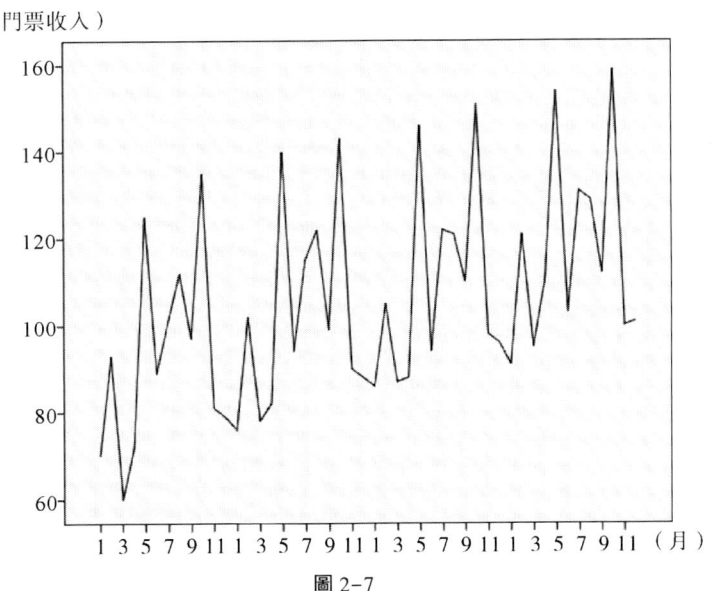

圖 2-7

從該時間序列圖中，我們可以看出該旅遊景點的門票收入具有一定的季節性和增長趨勢。

【實驗三】指數平滑模型應用

要求：根據數據「2-2」預測 2014 年前 3 個月的門票收入。

操作：打開已定義了日期的數據「2-2」，進入 SPSS 數據編輯器窗口，在菜單欄中選擇「分析」→「預測」命令，打開「創建模型」命令。如圖 2-8 所示：

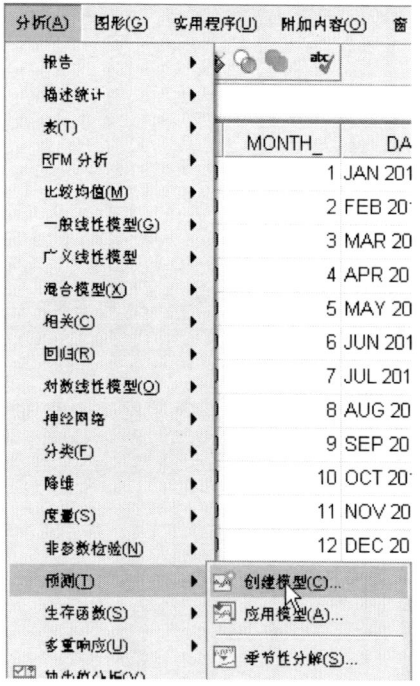

圖 2-8

得到「時間序列建模器」對話框，把「門票收入」選入「因變量」列表，在「方法」下拉列表框中選擇「指數平滑法」，如圖 2-9 所示：

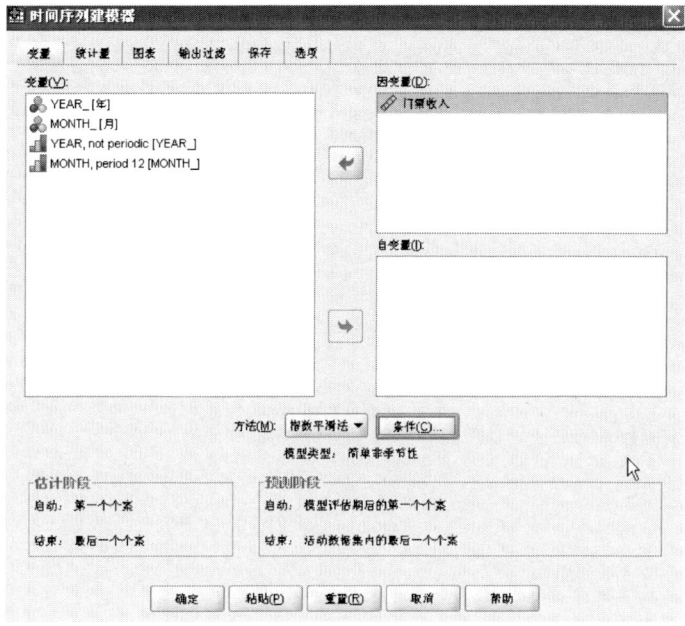

圖 2-9

單擊「條件」按鈕，打開「時間序列建模器：指數平滑條件」對話框。根據【實驗二】中繪製的「普通時間序列圖」，我們可以看出，該數據具備一定的季節性和線性趨勢，故我們選中「冬季加法」（該模型適用於具有線性趨勢且不依賴於序列水平的季節性效應的序列，其平滑參數是水平、趨勢和季節；而「簡單季節性」模型適用於沒有趨勢並且季節性影響隨時間變動保持恒定的序列，其平滑參數是水平和季節；「冬季乘法」模型則適用於具有線性趨勢和依賴於序列水平的季節性效應的序列，其平滑參數是水平、趨勢和季節）。然後單擊「繼續」按鈕，保存設置，如圖 2-10 所示：

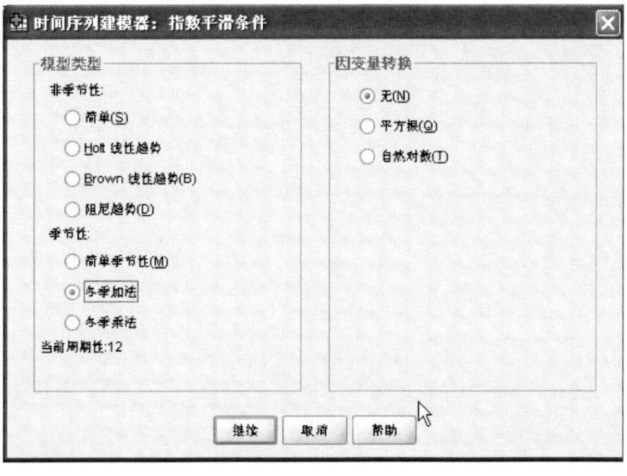

圖 2-10

單擊「統計量」標籤，選擇「顯示預測值」和「參數估計」，如圖 2-11：

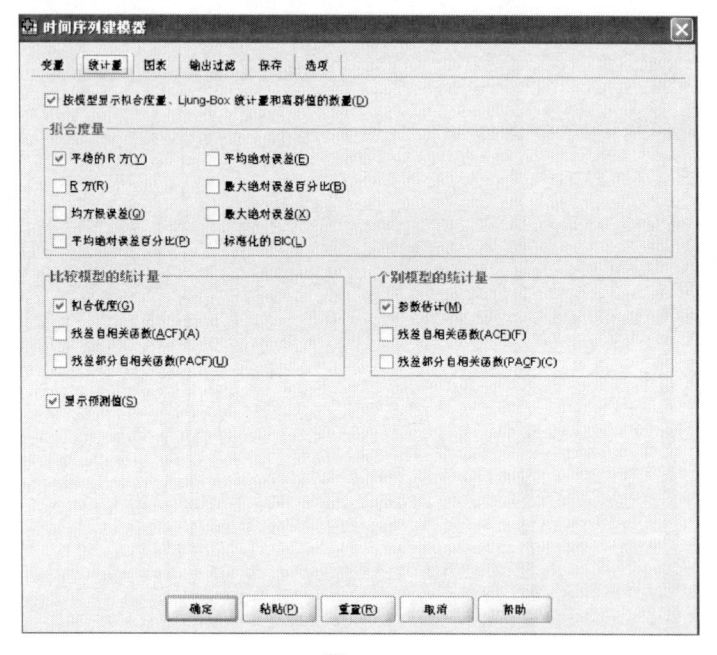

圖 2-11

單擊「圖表」按鈕，選中「擬合值」，如圖 2-12 所示：

圖 2-12

單擊「保存」按鈕，選中「預測值」，去掉「變量名的前綴」中的（P），如圖2-13：

圖2-13

單擊「選項」按鈕，選中「模型評估期後的第一個個案到制定日期之間的個案」，在「日期」選項填入2014年3月，如圖2-14所示：

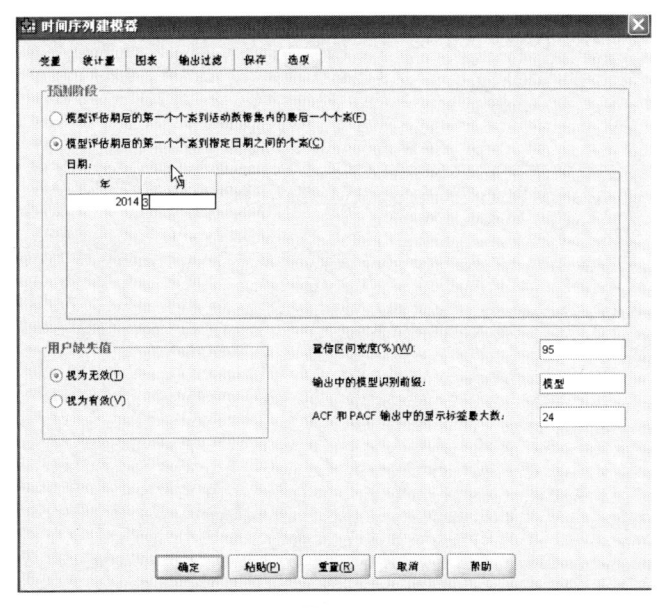

圖2-14

單擊「確定」按鈕，便可得到指數平滑模型建模的結果，如圖 2-15 所示：

模型統計量

模型	預測變量數	模型擬合統計量 平穩的 R 方	Ljung-Box Q(18) 統計量	DF	Sig.	離群值數
門票收入-模型_1	0	.761	9.299	15	.861	0

預測

模型		1 月 2014	2 月 2014	3 月 2014
門票收入-模型_1	預測	100	125	99
	UCL	107	132	107
	LCL	93	117	92

对于每个模型，预测都在请求的预测时间段范围内的最后一个非缺失值之后开始，在所有预测值的非缺失值都可用的最后一个时间段或请求预测时间段的结束日期（以较早者为准）结束。

圖 2-15

可見，該模型的擬合優度（模型統計量表中「平穩的 R 方」）為 0.761，表明其擬合情況比較良好。該模型預測 2014 年前 3 個月門票收入的結果如「預測」表中所示，分別是：100、125 和 99。UCL 表示預測值的上限，LCL 表示預測值的下限。

圖 2-16 給出了指數平滑法模型參數估計值列表。從該圖可以看出本實驗擬合的指數平滑模型的水平 Alpha 值為 0.079，P 值為 0.227，作用較小且不顯著；趨勢 Gamma 值為 $2.802×10^{-7}$，P 值為 1.000，幾乎沒有趨勢特徵；季節 Delta 值為 0.000，P 值為 0.998，該值很小且沒有顯著性。因此可以判斷該門票收入數據儘管為季節性數據，但該序列幾乎沒有季節性和趨勢。

指數平滑法模型參數

模型			估計	SE	t	Sig.
門票收入-模型_1	无转换	Alpha (水平)	.079	.065	1.226	.227
		Gamma (趋势)	2.802E-7	.003	8.374E-5	1.000
		Delta (季节)	.000	.073	.002	.998

圖 2-16

圖 2-17 給出了門票收入數據的擬合圖、觀測值和預測值。其序列整體上成循環狀態，擬合值和觀測值曲線在整個區間大部分重合，因此可以說明指數平滑模型對門票收入的擬合情況良好。

圖 2-17

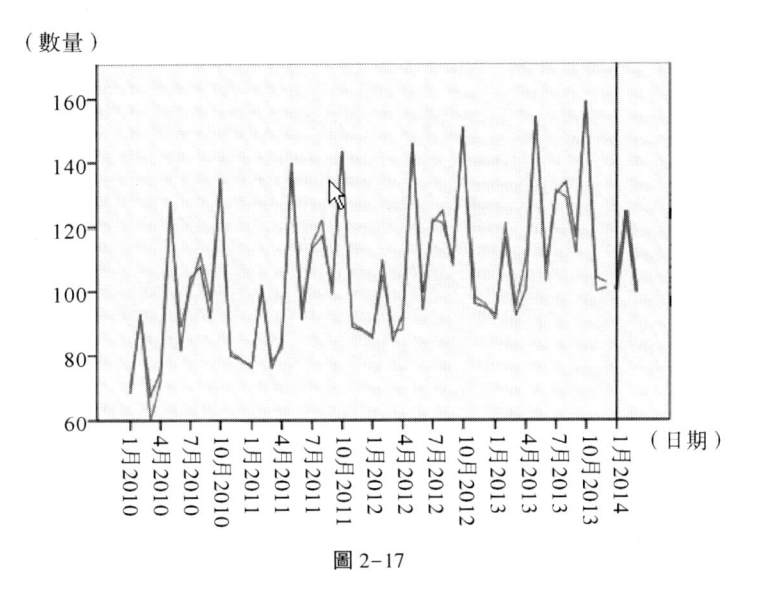

【實驗四】季節分解模型

要求：請把已定義好日期的某公司 2010 年第一季度至 2014 年第一季度的市場需求數據「2-3」的季節性因素分解出來，同時指出剔除季節性因素後該數據的變動規律。

操作：打開數據「2-3」，繪製「時間序列圖」，得到圖 2-18：

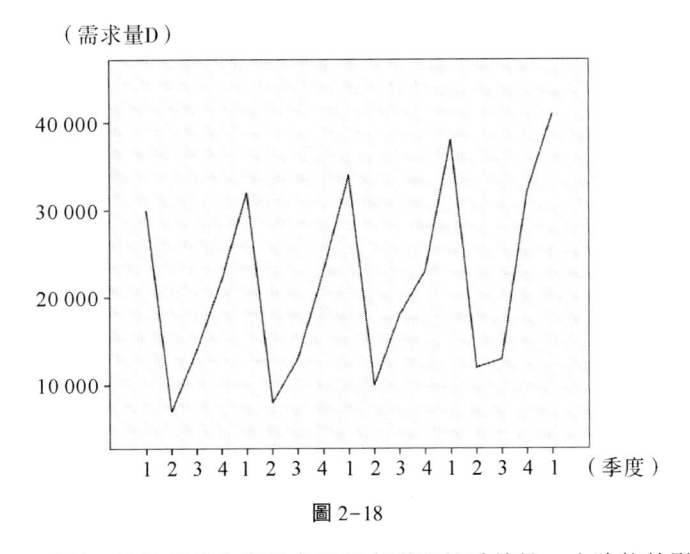

圖 2-18

由圖 2-18 可見，該公司的市場需求量具有明顯的季節性，去除趨勢影響後，其波動幅度不是太大，同時可以看出其季節性週期為 4。

營銷策劃中的常用數據分析方法

接下來單擊「分析」→「預測」命令，打開「季節性分解」命令，如圖 2-19 所示：

圖 2-19

打開「季節性分解」命令，得到如圖 2-20 窗口：

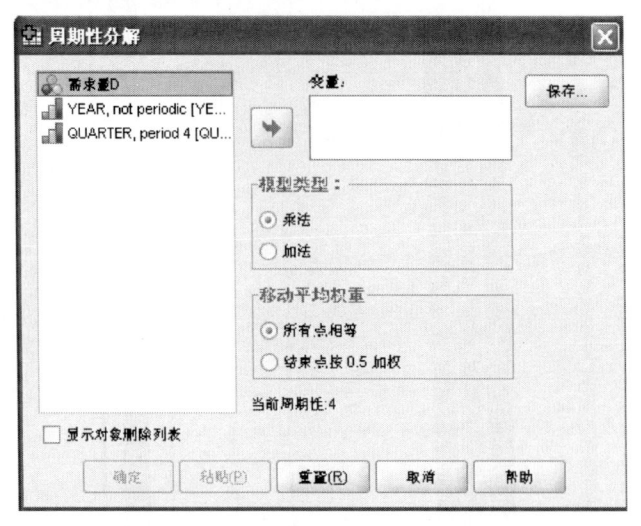

圖 2-20

把「需求量」放入「變量」對話框，「模型類型」選擇「加法」（當數據的季節性波動幅度不大時，用「加法」，反之則用「乘法」，本例季節性波動幅度不太大）；「移

34

動平均權重」選擇「結束點按 0.5 加權」（當序列的週期為奇數時選擇「所有點相等」，當序列的週期為偶數時，選擇「結束點按 0.5 加權」，本例數列週期為 4），如圖 2-21 所示：

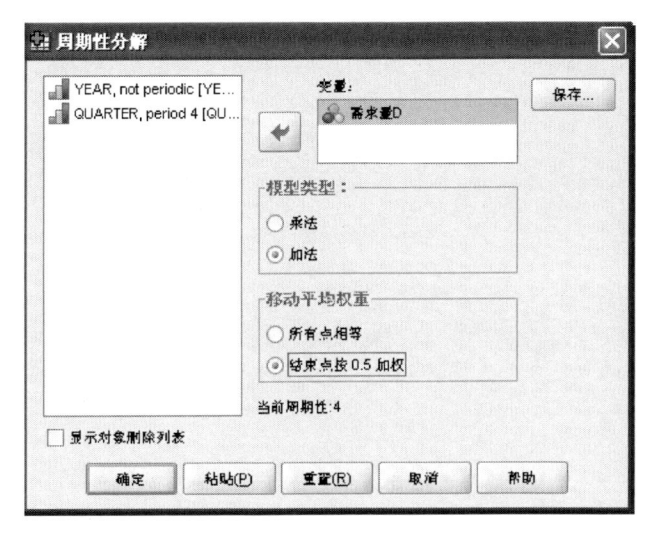

圖 2-21

然後單擊「確定」，得到季節性分解的結果，如圖 2-22 所示：

圖 2-22

由圖 2-22 可知：該公司的市場需求量數據具有明顯的季節性。其中，每年的 1、4 季度的季節性因素為正值，這兩個季度的需求量相對較高；每年 2、3 季度的季節性因素為負值，這兩個季度的需求量相對較低。

同時，在 SPSS 文件的數據窗口裡也增加了 4 個序列：ERR_ 1、SAS_ 1、SAF_ 1 和 STC_ 1。其中，ERR_ 1 表示「需求量」序列進行季節性分解後的不規則或隨機波動序列，SAS_ 1 表示「需求量」序列進行季節性分解除去季節性因素後的序列，SAF_ 1 表示「需求量」序列進行季節性分解產生的季節性因素序列，STC_ 1 表示「需求量」序列進行季節性分解出來的序列趨勢和循環成分，如圖 2-23：

	需求量D	YEAR_	QUARTER_	ERR_1	SAS_1	SAF_1	STC_1
1	30000	2010	1	-1767.36111	15648.43750	14351.56250	17415.79861
2	7000	2010	2	-149.30556	17690.10417	-10690.10417	17839.40972
3	14000	2010	3	1493.05556	20179.68750	-6179.68750	18686.63194
4	22000	2010	4	539.35185	19481.77083	2518.22917	18942.41898
5	32000	2011	1	-1090.27778	17648.43750	14351.56250	18738.71528
6	8000	2011	2	-164.35185	18690.10417	-10690.10417	18854.45602
7	13000	2011	3	-62.50000	19179.68750	-6179.68750	19242.18750
8	23000	2011	4	650.46296	20481.77083	2518.22917	19831.30787
9	34000	2012	1	-868.05556	19648.43750	14351.56250	20516.49306
10	10000	2012	2	-497.68519	20690.10417	-10690.10417	21187.78935
11	18000	2012	3	2159.72222	24179.68750	-6179.68750	22019.96528
12	23000	2012	4	-1793.98148	20481.77083	2518.22917	22275.75231
13	38000	2013	1	1354.16667	23648.43750	14351.56250	22294.27083
14	12000	2013	2	57.87037	22690.10417	-10690.10417	22632.23380
15	13000	2013	3	-4395.83333	19179.68750	-6179.68750	23575.52083
16	32000	2013	4	4378.47222	29481.77083	2518.22917	25103.29861
17	41000	2014	1	781.25000	26648.43750	14351.56250	25867.18750

圖 2-23

【實驗五】 一元線性迴歸模型

【例】數據 2-4 是某企業的銷售收入和對應的營銷費用數據，請根據線性迴歸法列出該企業的銷售收入。

操作：打開「數據 2-4」文件，進入 SPSS 數據編輯器窗口，在菜單欄中選擇「分析」→「迴歸」→「線性」命令，如圖 2-24 所示：

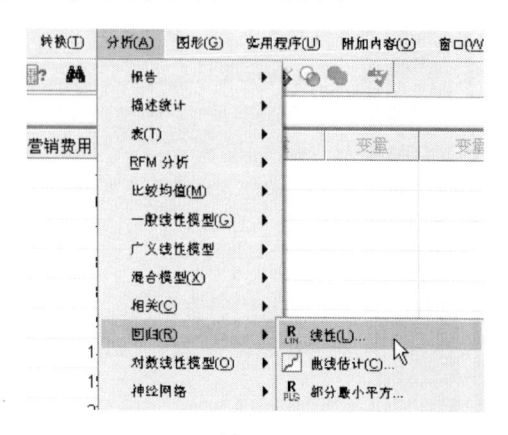

圖 2-24

打開「線性迴歸」對話框，然後將「S［銷售收入］」選入因變量，將「F［營銷費用］」選入自變量，如圖2-25：

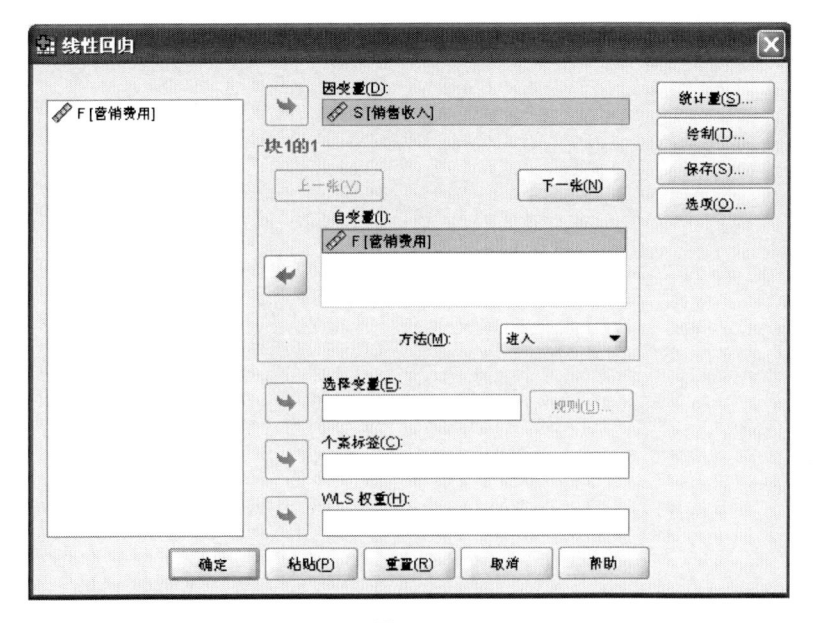

圖 2-25

單擊「統計量」按鈕，打開「線性迴歸：統計量」對話框，選中「Durbin-Watson（U）」，然後單擊「繼續」按鈕，保存設置，如圖2-26：

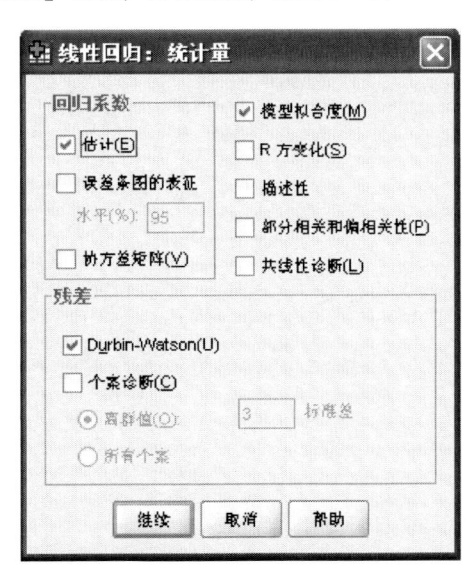

圖 2-26

單擊「繪製」按鈕，打開「線性迴歸：圖」對話框，選中「直方圖」和「正態概

率圖」復選框，然後單擊「繼續」按鈕，保存設置，如圖 2-27：

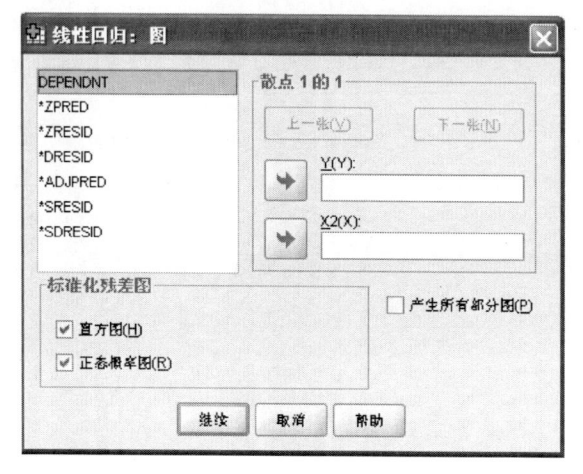

圖 2-27

單擊「確定」按鈕，即可得到線性迴歸結果。圖 2-28 給出了評價模型的檢驗統計量，本實驗中迴歸模型調整的 R2 為 0.96，表明迴歸的擬合度非常高，但 D-W 值卻僅有 0.338，說明本模型的殘差存在比較嚴重的正自相關（D-W 值等於 2 時，說明殘差項是獨立的；其值在 0~2 時，說明殘差項存在正自相關；其值在 2~4 時，說明殘差項存在負自相關）。

模型汇总 b

模型	R	R 方	调整 R 方	标准 估计的误差	Durbin-Watson
1	.980a	.961	.960	1384.883	.338

a. 预测变量：(常量), F。
b. 因变量：S

圖 2-28

圖 2-29 給出了方程整體顯著性檢驗的結果，由圖可以看出：迴歸部分的 F 值對應的 P 值為 0.000，小於顯著水平 0.05，可見方程整體顯著性檢驗獲得通過，即營銷費用對銷售收入解釋的部分非常顯著。

Anovaᵇ

模型		平方和	df	均方	F	Sig.
1	回归	1.330E9	1	1.330E9	693.392	.000ᵃ
	残差	5.370E7	28	1917899.806		
	总计	1.384E9	29			

a. 預測變量：(常量)，F。

b. 因變量：S

圖 2-29

圖 2-30 給出了線性迴歸模型的迴歸系數及其顯著性檢驗結果。從該圖中可以得到線性迴歸模型中的常數為 1,253.687，系數為 1.921，說明 1 元錢的營銷費用投入可以帶來近 2 元錢的銷售收入增加。另：線性迴歸模型中的常數和 t 值對應的 P 值為 0.000，小於 0.05，說明方程的系數非常顯著。至此，我們可以寫出一元線性迴歸預測方程：S=1,253.687+1.921F。

系数ᵃ

模型		非標準化系數		標準系數	t	Sig.
		B	標准 误差	试用版		
1	(常量)	1253.687	305.231		4.107	.000
	F	1.921	.073	.980	26.332	.000

a. 因變量：S

圖 2-30

圖 2-31 給出了標準化殘差的直方圖。從該圖可以看出：儘管標準化後的殘差出現了右側厚尾現象，但還是基本滿足正態分佈。

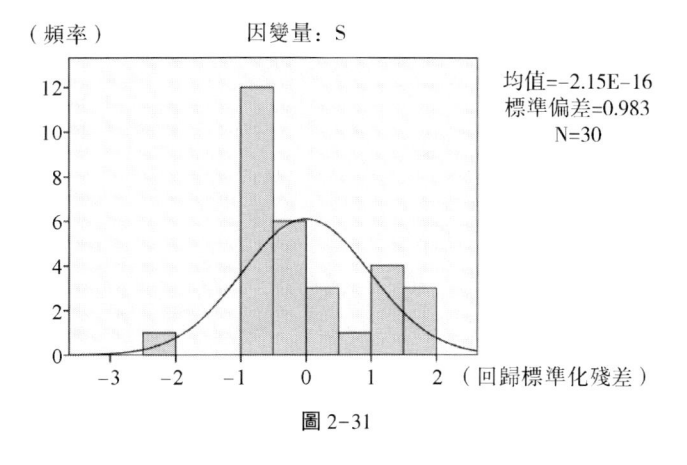

均值=-2.15E-16
標準偏差=0.983
N=30

圖 2-31

圖 2-32 給出了標準化殘差的標準 P-P 圖，可以看出：幾乎所有散點均分佈在對角線附近，由此可以得出結論，標準化的殘差基本服從正態分佈。

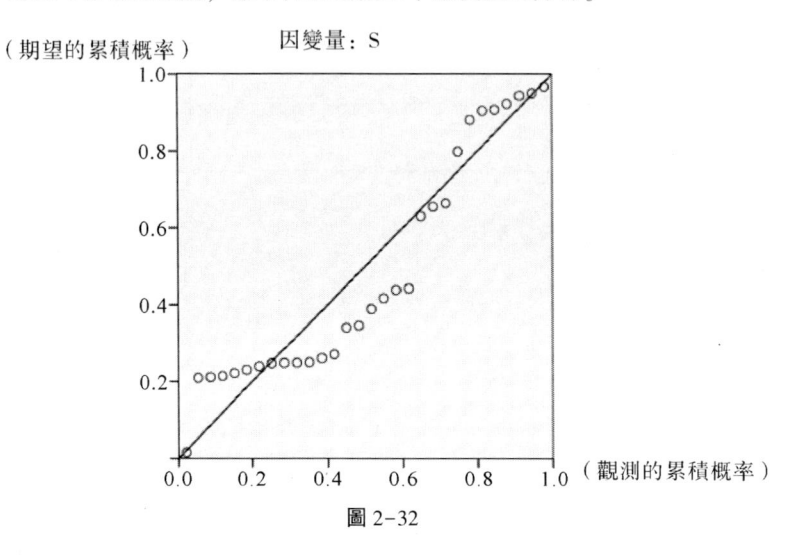

（期望的累積概率）　因變量：S

圖 2-32

【營銷應用】

1. 練習 2-1 數據是某公司近年來的銷售收入：自 2011 年 1 月起，至 2013 年 12 月止。請用指數平滑模型預測該公司 2014 年前 3 個月的銷售收入。

2. 練習 2-2 數據是某地區果汁銷量和茶飲料銷量。請用一元線性模型預測該地區 2014 年和 2015 年的果汁飲料銷量（其中：自變量為茶飲料銷量）。

第三講 市場細分

【實驗目的】

1. 熟練掌握因子分析方法的運用。
2. 熟練掌握聚類分析方法的運用。
3. 基本掌握綜合運用因子分析+聚類分析進行市場細分的方法。

【知識儲備】

1. 因子分析

因子分析是一種數據簡化技術，它通過研究眾多變量之間的內部依賴關系，探求觀測數據的基本結構，並用少數幾個獨立的不可觀測變量來表示其基本數據結構。這些少數幾個假想變量能夠反應原來眾多變量的主要信息，我們把這些假想變量稱為因子。

因子分析的基本模型如下：

將 $X_i(i=1, 2, \cdots, p)$ 表示為 $X_i = \mu_i + a_{i1}F_1 + \cdots + a_{im}F_m + \varepsilon_i (m \leq p)$

或 $\begin{bmatrix} X_1 \\ X_2 \\ \vdots \\ X_p \end{bmatrix} = \begin{bmatrix} \mu_1 \\ \mu_2 \\ \vdots \\ \mu_p \end{bmatrix} + \begin{bmatrix} a_{11} & a_{12} & \cdots & a_{1m} \\ a_{21} & a_{22} & \cdots & a_{2m} \\ \vdots & \vdots & & \vdots \\ a_{p1} & a_{p2} & \cdots & a_{pm} \end{bmatrix} \begin{bmatrix} F_1 \\ F_2 \\ \vdots \\ F_p \end{bmatrix} + \begin{bmatrix} \varepsilon_1 \\ \varepsilon_2 \\ \vdots \\ \varepsilon_p \end{bmatrix}$。

式中 $F_1, \cdots, F_p$ 為公共因子，α_i 稱為因子載荷。

2. 聚類分析

聚類分析是一組將研究對象分為相對同質的群組的統計分析技術，聚類分析也叫分類分析。聚類分析是根據研究對象的特徵按照一定標準對研究對象進行分類的一種分析方法，它使組內的數據對象具有最高的相似度，而組間具有較大的差異性。根據研究對象不同，聚類分析分為：樣本聚類（Q型聚類，針對觀測量進行分類）和變量聚類（R型聚類，針對變量分類）。聚類分析根據方法又分為：快速聚類（K-均值聚類）和分層聚類等。

3. 交叉列聯表分析

列聯表是將觀測數據按不同屬性進行分類時列出的頻數表，列聯表常用於分析離散變量的名義變量和有序變量是否相關。在列聯表中用到最多的統計量是卡方檢驗統計量，其計算公式如下：

$$\chi2 = \sum_{i=1}^{k} \sum_{j=1}^{r} \frac{(fij - Eij)2}{fij}$$

式中，k 為列聯表行數，r 為列聯表列數，fij 為觀測頻數，Eij 為期望頻數。如果行列間的變量是獨立的，則統計量 χ^2 服從自由度為 (k-1)(r-1) 的卡方分佈。

【實驗一】因子分析方法運用

【例】數據 3-1 是 35 位學生的 6 科成績，請用少數幾個因子來替代原來的 6 個變量，並對這些因子進行命名和解釋因子分析的結果。

操作：打開數據 3-1，在菜單欄中依次單擊「分析」→「降維」→「因子分析」選項卡，如圖 3-1 所示：

圖 3-1

接著打開「因子分析」對話框，如圖 3-2 所示：

圖 3-2

把 6 個變量（6 科成績）依次放入「變量」框，如圖 3-3 所示：

圖 3-3

單擊「描述」按鈕，勾選「KMO 與 Bartlett 球形度檢驗（K）」複選框，單擊「繼續」按鈕，保存設置結果，如圖 3-4 所示：

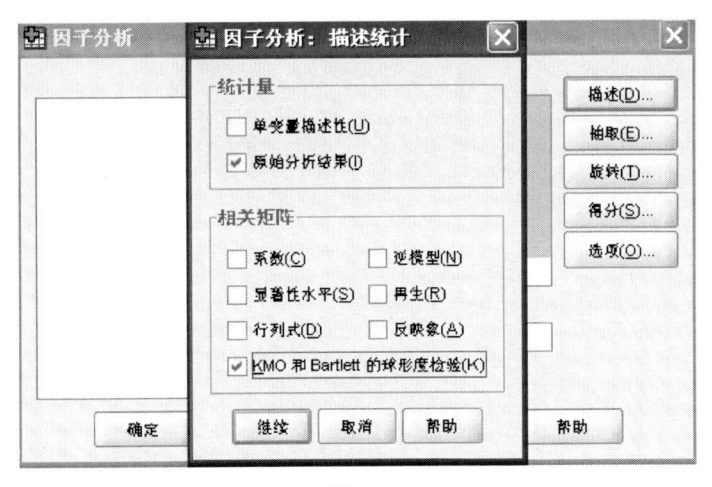

圖 3-4

單擊「抽取」按鈕，勾選「碎石圖」複選框，其他為系統默認選項，單擊「繼續」按鈕，保存設置結果，如圖 3-5 所示：

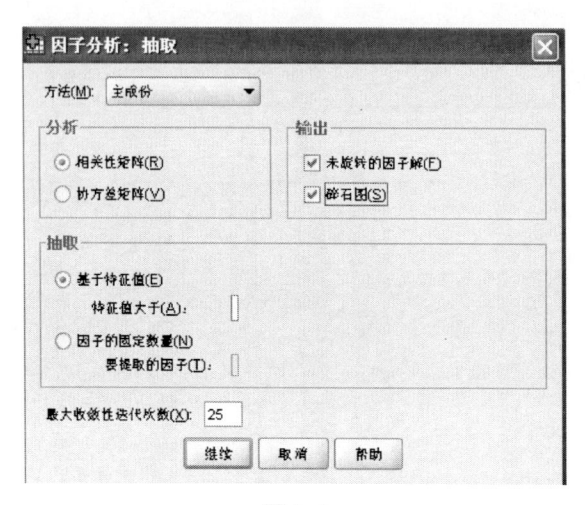

圖 3-5

單擊「旋轉」按鈕，勾選「最大方差法」和「載荷圖（L）」復選框，其他為系統默認選擇，單擊「繼續」按鈕，保存設置，如圖 3-6 所示：

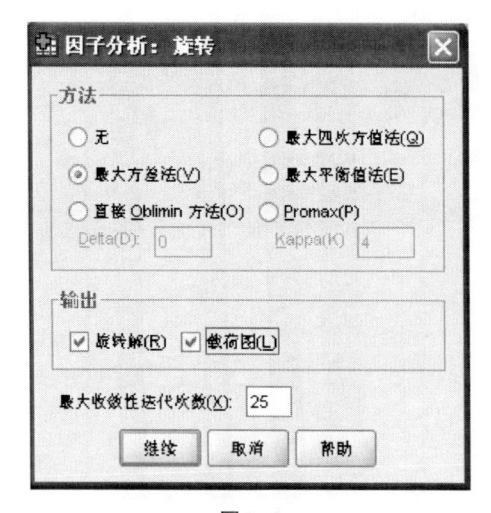

圖 3-6

單擊「得分」按鈕，勾選「保存為變量（S）」和「顯示因子得分系數（D）」復選框，單擊「繼續」按鈕，保存設置結果，如圖 3-7 所示：

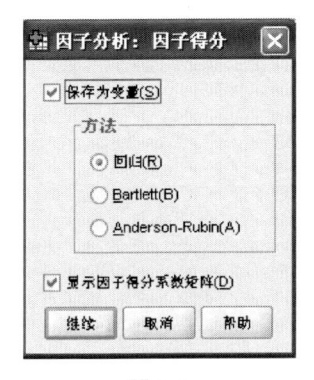

圖 3-7

單擊「選項」按鈕，勾選「系數顯示格式」中的「按大小排序」復選款，單擊「繼續」按鈕，保存設置結果，如圖 3-8 所示：

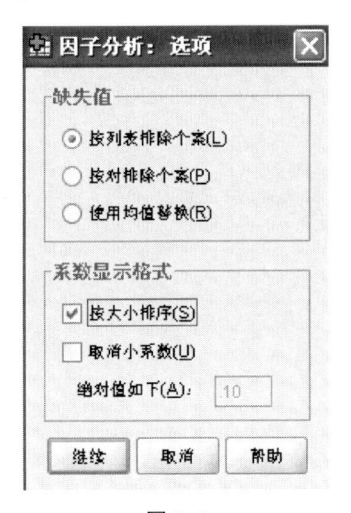

圖 3-8

單擊「確定」，得到因子分析的結果。

圖 3-9 給出了 KMO 和 Bartlett 的檢驗結果，其中 KMO 值（可大致理解為衡量 6 個原始變量之間的相關性指標值）越接近於 1 表示越適合做因子分析。若是做理論研究，KMO 值通常要求在 0.75 以上，若做營銷實踐應用，KMO 值可以適當降低，例如 0.60 以上。Bartlett 球形度檢驗的原假設為其相關係數矩陣為單位陣（即它們之間是各自獨立的），其顯著性檢驗水平為 0.05，若其 Sig 值小於 0.05，則拒絕原假設，說明變量之間存在相關關系，適合做因子分析。本例中，其 KMO 值為 0.657，表示比較適合做因子分析；同時，Bartlett 球形度檢驗的 Sig 值為 0.000，小於 0.05，這也說明本例的變量之間存在相關關系，適合做因子分析。

KMO 和 Bartlett 的檢驗

取样足够度的 Kaiser-Meyer-Olkin 度量。		.657
Bartlett 的球形度检验	近似卡方	214.611
	df	15
	Sig.	.000

圖 3-9

圖 3-10 給出了每個變量共同度的結果。數據表左側數據表示每個變量可以被所有因素所能解釋的方差，右側數據表示變量的共同度。從該表可以看出：其因子分析的變量共同度都很高，表明變量中的絕大部分信息均能夠被因子所提取，即因子分析的效果是有效的。

公因子方差

	初始	提取
数学成绩	1.000	.932
物理成绩	1.000	.951
化学成绩	1.000	.910
语文成绩	1.000	.915
历史成绩	1.000	.844
英语成绩	1.000	.903

提取方法：主成份分析。

圖 3-10

圖 3-11 給出了因子貢獻率的結果，「合計」指因子的特徵值，「方差的%」表示該因子的特徵值占總體特徵值的百分比，「累積%」表示累積的百分比。本例中只有前兩個因子的特徵值大於 1，故提取前兩個因子作為主因子；同時，前兩個因子的特徵值之和占總特徵值的 90.930%。這也說明：本次因子分析的效果是有效的。

解释的总方差

成份	初始特征值			提取平方和载入			旋转平方和载入		
	合计	方差的 %	累积 %	合计	方差的 %	累积 %	合计	方差的 %	累积 %
1	3.277	54.615	54.615	3.277	54.615	54.615	2.773	46.214	46.214
2	2.179	36.315	90.930	2.179	36.315	90.930	2.683	44.716	90.930
3	.267	4.448	95.378						
4	.140	2.328	97.706						
5	.099	1.647	99.352						
6	.039	.648	100.000						

圖 3-11

圖 3-12 是特徵值的碎石圖，通常選取的主因子在非常陡峭的斜率上，而其餘處在平緩斜率上的因子對變異的解釋非常小。從圖 3-12 可以看出：前兩個因子（特徵值大

於 1 的因子）均位於非常陡峭的斜率上，從第三個因子開始斜率變平緩，故選擇前兩個因子作為主因子。

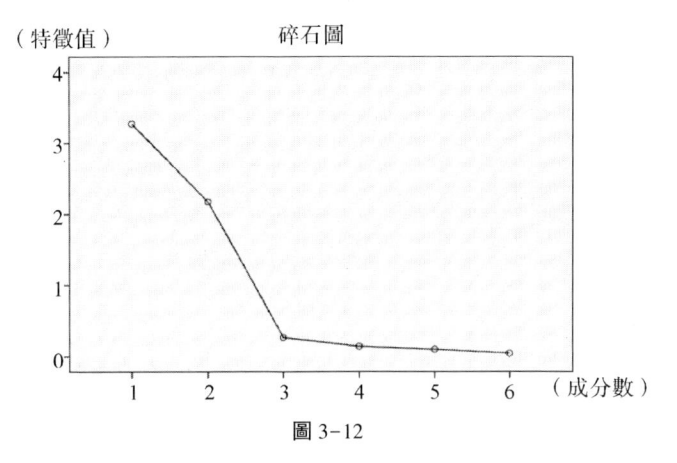

（特徵值） 碎石圖

（成分數）

圖 3-12

圖 3-13 是旋轉後的因子載荷表。由該表可以看出，數學成績、化學成績和物理成績在第一個因子上載荷較大，故可將第一個因子命名為：理科因子。同樣地，語文成績、英語成績和歷史成績在第二個因子上載荷較大，故可將其命名為文科因子。

旋转成份矩阵[a]

	成份 1	成份 2
数学成绩	.965	-.041
化学成绩	.953	-.039
物理成绩	.949	-.224
语文成绩	-.069	.954
英语成绩	-.054	.949
历史成绩	-.156	.905

註：提取方法為主成分分析法。
旋轉法為具有 Kaiser 標準化的正交旋轉法。
a 為旋轉在 3 次迭代後收斂。

圖 3-13

圖 3-14 給出了旋轉空間中的成分圖，從該圖中可以看出：數學、化學和物理集中分佈在一起，其成分 1 得分值很高；語文、英語和歷史集中分佈在一起，其成分 2 得分值很高。

47

(成分2)

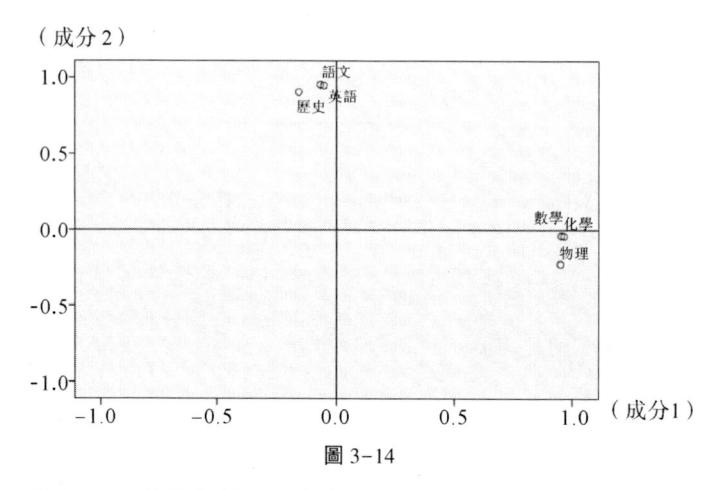

图 3-14

图 3-15 给出 SPSS 数据编辑窗口中增加的由系统默认命名的两个因子：FAC1_ 1 和 FAC1_ 2。

	名称	类型	宽度	小数	标签
1	数学	数值(N)	8	0	数学成绩
2	物理	数值(N)	8	0	物理成绩
3	化学	数值(N)	8	0	化学成绩
4	语文	数值(N)	8	0	语文成绩
5	历史	数值(N)	8	0	历史成绩
6	英语	数值(N)	8	0	英语成绩
7	FAC1_1	数值(N)	11	5	REGR factor sc...
8	FAC2_1	数值(N)	11	5	REGR factor sc...

图 3-15

接下来，我们把这两个因子的名称更改为理科因子和文科因子，如图 3-16 所示：

	名称	类型	宽度	小数	标签
1	数学	数值(N)	8	0	数学成绩
2	物理	数值(N)	8	0	物理成绩
3	化学	数值(N)	8	0	化学成绩
4	语文	数值(N)	8	0	语文成绩
5	历史	数值(N)	8	0	历史成绩
6	英语	数值(N)	8	0	英语成绩
7	理科因子	数值(N)	11	5	REGR factor sc...
8	文科因子	数值(N)	11	5	REGR factor sc...

图 3-16

同时，SPSS 数据编辑窗口中会保存因子得分系数，如图 3-17 所示：

理科因子	文科因子
-0.93148	0.36030
-0.27541	-1.54597
-1.72543	-1.74523
-0.32839	-0.74014
-0.22309	0.27224
-0.06771	-1.28987
-1.07383	-2.21737
-0.86589	-0.12784
0.43345	-2.63320
1.40395	0.71913

圖 3-17

【實驗二】 聚類分析——系統聚類法

系統聚類法也稱為分層聚類法。其主要思想是先將每個個案看做一類，接著將相近程度最高的兩類合併為一個新類，再將該新類與相似度最高的類進行合併，不斷重複該過程，直至所有的個案均歸為一類。

【例】請用系統聚類法把數據 3-2 中的 16 種飲料進行適當的分類。

操作：打開數據 3-2，在菜單欄中依次選擇「分析」→「分類」→「系統聚類」命令，如圖 3-18 所示：

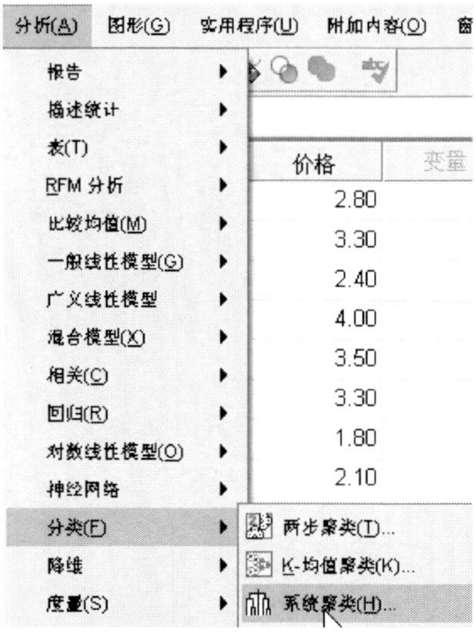

圖 3-18

打開「系統聚類分析」對話框，如圖 3-19 所示：

圖 3-19

把「熱量」「咖啡因」「鈉」和「價格」選入「變量」框，如圖 3-20 所示：

圖 3-20

單擊「繪製」按鈕，彈出「系統聚類分析：圖」對話框，勾選「樹狀圖」單選按鈕，單擊「繼續」按鈕，如圖 3-21 所示：

圖 3-21

單擊「方法」按鈕，彈出「系統聚類分析：方法」對話框，在「聚類方法」列表中選擇「質心聚類法」，單擊「繼續」按鈕，如圖 3-22 所示：

圖 3-22

單擊「確定」按鈕，輸出系統聚類分析的結果。

圖 3-23 為系統聚類的冰柱圖，該圖給出了各類之間的距離，冰柱（圖中白色柱子）的高低表示兩個類別之間的距離，例如：個案 5 和個案 15 之間的冰柱最短，表示

它們之間的距離最近，故它們兩個最先合併為一類。同樣地，接下來個案 4 和個案 13 之間的冰柱第二短，表示它們之間的距離也很近，故它們兩個也較先合併為一類，這一點可以從後面的「樹狀圖」可以看出：個案 5 和個案 15 是一類，且距離最近；個案 4 和個案 13 是另一類，距離也很近。

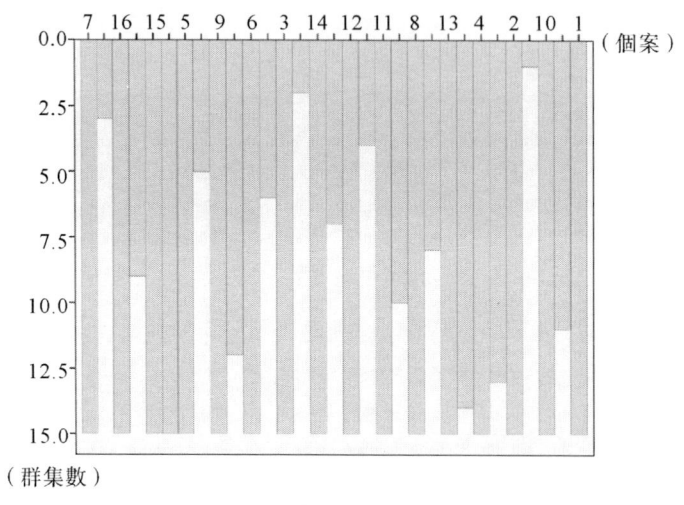

圖 3-23

圖 3-24 給出了系統聚類的「樹狀圖」，該圖形象地描述出了聚類每一次合併的情況，整個圖如同一棵躺倒的樹，樹狀圖因此而得名。從樹狀圖的右端開始，用一根豎向直線「切開」這棵樹的「樹幹」——橫線。最初遇到樹狀圖的橫線為兩根時，全部個案被分為兩類，凡是直接和被切開的「樹幹」相連的為一類。即：個案 1 和個案 10 為一類，它們隸屬於下面一根「樹幹」類；餘下的所有個案為一類，它們隸屬於上面一根「樹幹」。我們繼續把這根豎向直線往左推進「切」，接著遇到樹狀圖的橫線為三根時，全部個案被分為三類。即：個案 1 和 10 為第一類；個案 4、13、2、8、11、12 和 14 為第二類；個案 5、15、16、6、9、3 和 7 為第三類。當然我們還可以繼續往左邊「切」，得到更多的分類。至於到底分多少類合適，需要結合各個案的特徵和營銷實踐需要來定，此外還可以通過另外一個聚類方法——快速聚類（K-均值聚類）法來加以驗證。結合原始數據，我們可以看出：第一類個案的熱量含量最高，其特徵比較明顯；第二類咖啡因含量稍高；第三類的指標則居中，沒有明顯特色。

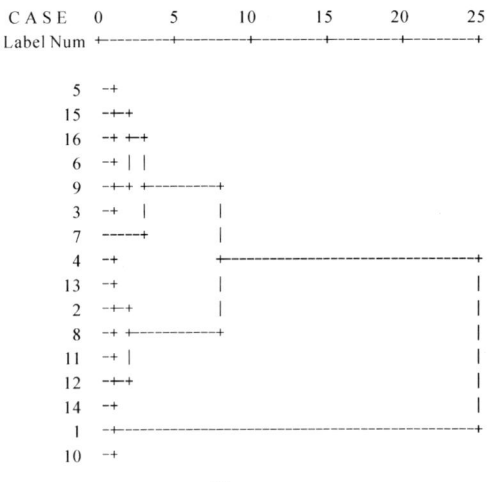

```
                Rescaled Distance Cluster Combine

   C A S E      0         5        10       15       20       25
   Label Num   +---------+---------+---------+---------+---------+

      5       -+
     15       -+-+
     16       -+ +-+
      6       -+ | |
      9       -+-+ +-------+
      3       -+   |       |
      7       -----+       |
      4       -+           +-----------------------------+
     13       -+           |                             |
      2       -+-+         |                             |
      8       -+ +---------+                             |
     11       -+ |                                       |
     12       -+-+                                       |
     14       -+                                         |
      1       -+-----------------------------------------+
     10       -+
```

圖 3-24

【實驗三】 聚類分析——快速聚類法

　　快速聚類法又稱為 K-均值聚類，它將數據看成是 K 維空間上的點，以距離為標準進行聚類。快速聚類法需要事先指定分成幾類，它以犧牲多個解為代價以獲得較高的執行效率，故快速聚類法適用於對大樣本進行快速聚類。當我們對形成的類的特徵有了初步瞭解時，快速聚類法就是一個較適用的方法。

　　【例】請用快速聚類法把數據 3-2 中的 16 種飲料分成 3 類，並解釋各類的特徵。

　　操作：打開數據 3-2，在菜單欄中依次選擇「分析」→「分類」→「K-均值聚類」。如圖 3-25 所示：

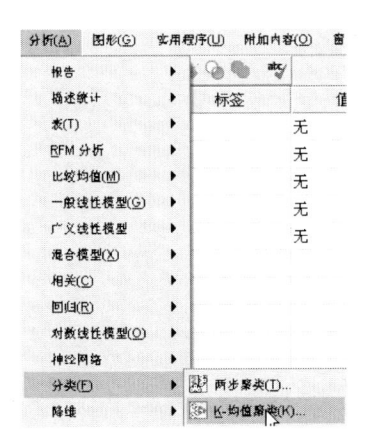

圖 3-25

打開「K-均值聚類分析」對話框，如圖 3-26 所示：

圖 3-26

從源變量列表中把「熱量」「咖啡因」「鈉」和「價格」選入「變量」列表，在「聚類數」輸入框中聚類的數目，本實驗將個案分為三類，即把「2」改為「3」，如圖 3-27 所示：

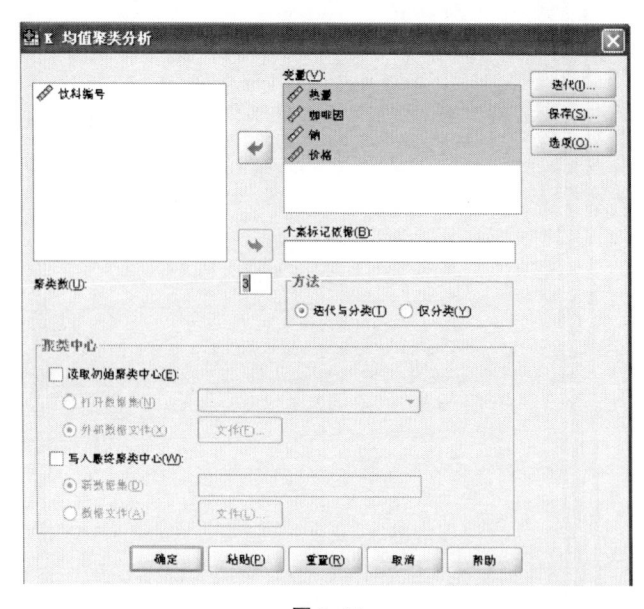

圖 3-27

單擊「保存」選項，在「K-Meas 群集」對話框中勾選「聚類成員（C）」復選

框，單擊「繼續」，如圖 3-28 所示：

圖 3-28

單擊「選項」按鈕，勾選「ANOVA 表（A）」和「每個個案的聚類信息（C）」復選框，單擊「繼續」，如圖 3-29 所示：

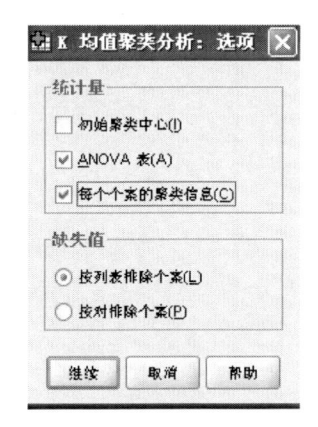

圖 3-29

單擊「確定」，輸出快速聚類的結果。圖 3-30 給出了每一次迭代的聚類中心內的更改情況，可以看出：經過 3 次迭代，聚類中心達到收斂。

迭代历史记录[a]

迭代	聚类中心内的更改		
	1	2	3
1	5.065	29.962	6.968
2	.000	4.039	6.250
3	.000	.000	.000

註：由於聚類中心內沒有改動或改動較小而達到收斂。任何中心的最大絕對坐標更改為 .000。當前迭代為 3。初始中心間的最小距離為 100.522。

圖 3-30

圖 3-31 給出了每一個觀測所屬的類和每個聚類中的案例數。

聚类成员

案例号	聚类	距离
1	1	5.065
2	2	4.585
3	3	35.358
4	2	4.995
5	3	14.384
6	3	18.314
7	3	39.393
8	2	24.233
9	3	12.077
10	1	5.065
11	2	16.990
12	2	17.570
13	2	5.398
14	2	33.855
15	3	11.684
16	3	3.749

圖 3-31

圖 3-32 給出了最終聚類的中心。由此可以看出：第一類的熱量含量比較高；第二類咖啡因含量稍高；第三類的指標則居中，沒有明顯特色。

最终聚类中心

	聚类 1	聚类 2	聚类 3
热量	203.10	33.71	107.34
咖啡因	1.65	4.16	3.49
钠	13.05	10.06	8.76
价格	3.15	2.69	2.94

圖 3-32

圖 3-33 給出了「ANOVA」分析的結果，4 個變量的「ANOVA」分析僅有「熱量」變量的 Sig 值小於 0.05（等於 0.000），其餘 3 個變量的 Sig 值均大於 0.05。這表明：分成的 3 個類別之間，只有「熱量」變量的均值存在顯著差異，其餘 3 個變量在 3 個類別之間的均值都沒有顯著差異。這說明：本次聚類分析的結果並不太理想。結合前述的「樹狀圖」，我們再用快速聚類法把這些個案分成 4、5、6 類的「ANOVA」分析的效果均沒有提升，還是僅有「熱量」變量的均值在各類之間的差異顯著，其餘 3 個變量的均值在各類之間亦無顯著差異，故最終我們確定聚類的結果為：3 類。

ANOVA

	聚類 均方	df	誤差 均方	df	F	Sig.
熱量	24865.327	2	455.311	13	54.612	.000
咖啡因	4.915	2	6.410	13	.767	.484
鈉	14.569	2	6.312	13	2.308	.139
價格	.214	2	1.038	13	.207	.816

註：F檢驗應僅用於描述性目的，因為選中的聚類將被用來最大化不同聚類中的案例間的差別。觀測到的顯著性水平並未據此進行更正，因此無法將其解釋為是對聚類均值相等這一假設的檢驗。

圖 3-33

圖 3-34 給出了每個聚類中的案例數，可以看出：第一類有 2 個，第二類和第三類均為 7 個，合計 16 個。

每個聚類中的案例數

聚類	1	2.000
	2	7.000
	3	7.000
有效		16.000
缺失		.000

圖 3-34

【實驗四】 列聯表分析

【例】數據 3-3 是兩個不同人群對進入大學和從大學畢業控制「寬」或「嚴」程度的看法，請分析不同人群與其所持態度之間的關係。

操作：打開數據 3-3，在菜單欄中依次選擇「分析」→「描述統計」→「交叉表」。如圖 3-35 所示：

圖 3-35

接著在「交叉表」對話框中，將「人群」選入「行」列表，將「態度」選入「列」列表，如圖 3-36：

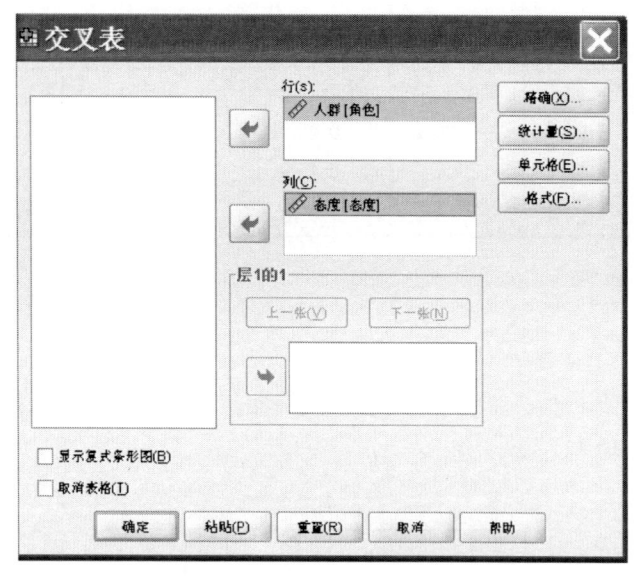

圖 3-36

點擊「統計量」按鈕，在「交叉表：統計量」窗口中勾選「卡方」「相關性」和「相依系數」復選框，單擊「繼續」，如圖 3-37 所示：

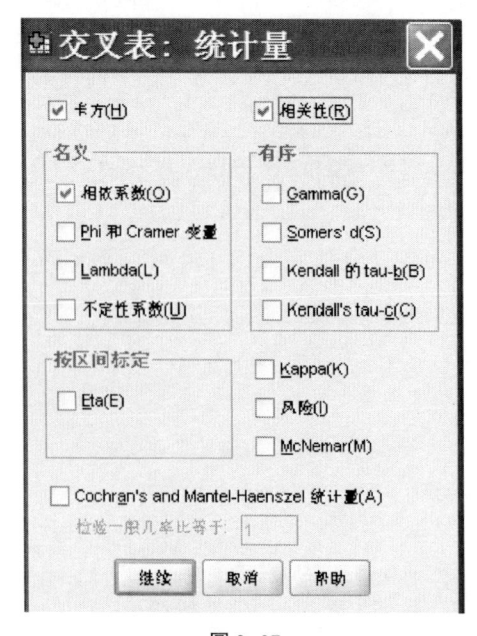

圖 3-37

進入「交叉表」對話框，勾選「顯示復式條形圖（B）」選項，並單擊「確定」，

如圖 3-38：

圖 3-38

圖 3-39 給出了不同人群的態度分佈情況。

人群*態度 交叉制表

計數

		態度		合計
		支持嚴進寬出	支持寬進嚴出	
人群	学生	43	57	100
	老师	68	32	100
合計		111	89	200

圖 3-39

圖 3-40 給出了卡方檢驗的結果，其 Pearson 卡方等各項的卡方檢驗之 Sig 值均小於 0.05，這表明拒絕原假設，即行變量和列變量之間並不是獨立的，表明人群（行變量）對態度（列變量）有顯著影響。

卡方檢驗

	值	df	漸進 Sig.(雙側)	精確 Sig.(雙側)	精確 Sig.(單側)
Pearson 卡方	12.653[a]	1	.000		
連續校正[b]	11.661	1	.001		
似然比	12.797	1	.000		
Fisher 的精確檢驗				.001	.000
線性和線性組合	12.590	1	.000		
有效案例中的 N	200				

註：a. 0 單元格（0%）的期望計數少於 5。最少期望計數為 44.50。

b. 僅對 2×2 表計算。

圖 3-40

圖 3-41 給出了相關系數檢驗的結果，其相依系數、Pearson 相關系數和 Spearman 相關系數的絕對值均在 0.25 左右，且其對應的近似值 Sig 值均小於 0.05。這表明拒絕原假設，即不同人群的態度之間存在一定的相關關係，雖然這種相關關係不太強。

對稱度量

		值	漸進標準誤差[a]	近似值 T[b]	近似值 Sig.
按標量標定	相依系數	.244			.000
按區間	Pearson 的 R	-.252	.068	-3.657	.000[c]
按順序	Spearman 相關性	-.252	.068	-3.657	.000[c]
有效案例中的 N		200			

註：a. 不假定零假設。

b. 使用漸進標準誤差假定零假設。

c. 基於正態近似值。

圖 3-41

圖 3-42 給出了分簇的條形圖，該圖直觀地展示出了不同人群的態度是有差異的。

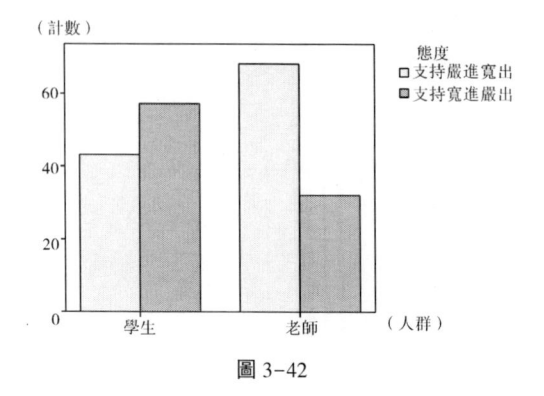

圖 3-42

【實驗五】 市場細分綜合應用

在營銷實踐裡面，市場細分通常有 3~4 個步驟。第一步是選擇心理或行為變量來做因子分析；第二步是以得到的主因子為新的變量來進行聚類分析；第三步則將第二步得到的聚類分析結果進行判別分析（若要求不是太高，此步可以略去）；第四步則是在第三步的基礎上結合人口統計特徵和地理特徵等變量，用列聯分析等方法得到最終的細分結果。

【例】請根據行為變量結合人口統計特徵等變量對數據 3-4 做市場細分，並描述各個細分市場的特徵。

註：行為變量包括每月手機通信費用、使用手機的年限、手機閱讀月付費用、手機閱讀付費方式、對手機閱讀收費的看法、每日手機閱讀頻率、閱讀時長、依賴程度和最常用的閱讀方式；人口統計特徵變量包括性別、年級和學科。

操作：

第一步：首先對行為變量做因子分析，篇幅所限，此處略去過程，得到如下結果：圖 3-43 給出了 KMO 值和 Bartlett 球形度檢驗值，KMO 值為 0.731，接近於 1，說明本例變量適合做因子分析；Bartlett 球形度檢驗的 Sig 值為 0.000，小於 0.05，這也說明本例的變量之間存在相關關系，適合做因子分析。

KMO 和 Bartlett 的检验

取样足够度的 Kaiser-Meyer-Olkin 度量。		.731
Bartlett 的球形度检验	近似卡方	543.549
	df	36
	Sig.	.000

圖 3-43

圖 3-44 給出了提取出來的 3 個主因子解釋的總方差為 58.289%，這表明本次因子分析的效果尚可。

解释的总方差

成份	旋转平方和载入		
	合计	方差的 %	累积 %
1	2.528	28.093	28.093
2	1.483	16.476	44.569
3	1.236	13.729	58.298

註：提取方法為主成份分析。

圖 3-44

圖 3-45 給出了旋轉成分矩陣表，根據此表，我們可以把主因子 1 命名為「重度閱讀因子」，主因子 2 命名為「中度閱讀因子」，主因子 3 命名為「價格敏感因子」。

旋轉成份矩陣ª

	成份		
	1	2	3
您對手機閱讀的依賴程度屬於哪一種？	.787	-.102	-.018
你每日手機閱讀的頻率是多少？	.706	-.179	-.016
您每日手機閱讀的時長是多少？	.688	-.385	.158
您手機閱讀的月付費用是（主要是指的是流量或包月付費等）多少？	.591	.309	.063
您每月手機通信費用（含電話、短信、上網等全部）是多少？	.554	.280	-.199
您使用手機閱讀的年限是多少？	.454	-.418	.442
您手機閱讀中最常用的閱讀方式是什麼？（單選）	-.242	.710	.318
您對手機閱讀某些雜誌、小說、論文等重要章節額外收費的看法是什麼？	.130	.662	-.238
您手機閱讀的付費方式是什麼？	-.012	.011	.902

註：提取方法為主成分分析法。

旋轉法具有 Kaiser 標準化的正交旋轉法。

a 表示旋轉在 11 次迭代後收斂。

圖 3-45

接著，我們把數據 3-3 的變量窗中增加的 3 個因子變量更改成上述相應的變量名，如圖 3-46 所示：

圖 3-46

接著對閱讀動機變量（q19.01~q19.10）做因子分析，篇幅所限，此處略去過程，得到如下結果：

圖 3-47 給出了 KMO 值和 Bartlett 球形度檢驗值，KMO 值為 0.29，接近於 1，說明本例變量適合做因子分析；Bartlett 球形度檢驗的 Sig 值為 0.000，小於 0.05，這也說明本例的變量之間存在相關關係，適合做因子分析。

KMO 和 Bartlett 的检验

取样足够度的 Kaiser-Meyer-Olkin 度量。		.729
Bartlett 的球形度检验	近似卡方	673.140
	df	45
	Sig.	.000

圖 3-47

圖 3-48 給出了提取出來的 4 個主因子解釋的總方差為 63.929%，這表明本次因子分析的效果尚可。

解释的总方差

成份	旋转平方和载入		
	合计	方差的 %	累积 %
1	2.104	21.043	21.043
2	1.637	16.375	37.418
3	1.336	13.362	50.780
4	1.315	13.149	63.929

註：提取方法為主成份分析。

圖 3-48

圖 3-49 給出了旋轉成分矩陣表，根據此表，我們可以把主因子 1 命名為「獲取資訊因子」，主因子 2 命名為「打發無聊因子」，主因子 3 命名為「時尚互動因子」，主因子 4 命名為「實惠評論因子」。

旋转成份矩阵[a]

	成份			
	1	2	3	4
您希望通过手机阅读随时了解新闻动态。	.775	.187	.051	-.110
您希望通过手机阅读获取到通过传统纸质阅读方式不能便获取的读物。	.656	.192	.209	.065
您希望通过手机阅读及时获取咨询信息。	.631	-.062	-.160	.212
您希望通过手机阅读满足自己尝试新事物的欲望	.626	.146	.221	.166
您希望通过手机阅读打发无聊时间（比如等待或乘坐公交/地铁/轻轨的时间）。	.118	.868	-.070	.055
您希望通过手机阅读利用零碎时间（比如等待或乘坐公交/地铁/轻轨的时间）	.185	.822	.050	.110
您希望通过手机阅读与作者和其他读者产生互动。	.015	-.160	.828	.022
您希望通过手机阅读赶上潮流和时尚。	.398	.239	.589	.048
您希望通过手机阅读免费或低成本地开展阅读活动。	.272	.039	-.198	.786
您希望通过手机阅读方便地发表和转发评论。	-.051	.165	.369	.769

註：提取方法為主成分分析法。
旋轉法為具有 Kaiser 標準化的正交旋轉法。
a 為旋轉在 6 次迭代後收斂。

圖 3-49

第二步：依據以上提取出來的一共 7 個主因子對個案進行聚類分析。由於本案例個案較多（達到 400 多個），因此採用快速聚類法。根據營銷實踐經驗，我們事先假定分為 3 類，如圖 3-50：

最终聚类中心

	聚类 1	聚类 2	聚类 3
表现为重度阅读行为	-.88431	.10049	.62283
表现为中度阅读行为	-.13692	-.33157	.40060
表现为价格敏感行为	-.23163	.17484	.03918
获取资讯动机	-.54998	.87146	-.28874
打发无聊动机	-1.01525	.03428	.69809
时尚互动动机	-.46844	.51714	-.27794
实惠评论动机	.04865	.19459	-.38310

圖 3-50

由圖 3-50 可知：第 2 類群體對價格比較敏感，其手機閱讀動機表現為獲取諮詢、時尚互動和評論，可命名為：時尚潮人群體；第 3 類群體則屬於重度閱讀者，他們對手機閱讀的依賴性很高，其動機表現為打發無聊時間，可命名為：重度無聊群體；第 1 類群體則在各個方面的表現居中，無明顯特徵，可命名為：中規中矩群體。

圖 3-51 給出了單因素方差分析的結果，其 7 個變量的方差分析對應的 Sig 值均小於 0.05，這表明分成的 3 個群體在 7 個變量上的均值均存在顯著差異，說明分類的效果很好。

ANOVA

	聚类 均方	df	误差 均方	df	F	Sig.
表现为重度阅读行为	65.691	2	.630	345	104.247	.000
表现为中度阅读行为	17.664	2	.903	345	19.554	.000
表现为价格敏感行为	4.646	2	.980	345	4.742	.009
获取资讯动机	65.241	2	.622	345	104.855	.000
打发无聊动机	84.160	2	.518	345	162.385	.000
时尚互动动机	31.109	2	.809	345	38.460	.000
实惠评论动机	11.081	2	.959	345	11.549	.000

註：F 檢驗應僅用於描述性目的，因為選中的聚類將被用來最大化不同聚類中的案例間的差別。預測到的顯著性水平半未據此進行更正，因此無法將其解釋為是對聚類均值相等這一假設的檢驗。

圖 3-51

圖 3-52 給出了 3 個類別的數量：

每个聚类中的案例数

聚类	1	103.000
	2	117.000
	3	128.000
有效		348.000
缺失		71.000

圖 3-52

　　第三步：在第二步聚類的基礎上，再分別引入 3 個人口統計特徵變量：性別、年齡、學科，做交叉列聯表分析。

　　圖 3-53 給出了性別對分類結果的二維交叉表，每個單元格給出了每種組合的實際頻數。圖 3-54 則給出了行變量對列變量是否獨立的卡方檢驗，其卡方檢驗的 Sig 值均大於 0.05，結果支持原假設，即不同性別對分類結果無顯著影響。

計數

		案例的类别号			合计
		中规中矩群体	时尚潮人群体	重度无聊群体	
您的性别？	男	52	58	65	175
	女	51	59	62	172
合计		103	117	127	347

圖 3-53

卡方检验

	值	df	渐进 Sig. (双侧)
Pearson 卡方	.063[a]	2	.969
似然比	.063	2	.969
线性和线性组合	.014	1	.906
有效案例中的 N	347		

圖 3-54

　　接下來我們首先把大四學生和研究生均重新賦值為 4，因為研究生數量太少，僅有 2 位，故把他們合併到大四的學生當中去。圖 3-55 給出了顯示行百分比的年級對分類結果的交叉表。圖 3-56 則給出了行變量對列變量是否獨立的卡方檢驗，其卡方檢驗的 Pearson 卡方和似然比的 Sig 值均小於 0.05，顯然拒絕原假設，即年級對分類結果有顯著影響。我們可以看出：大二學生和大四學生當中，重度無聊群體的比例較高。

您的年級？*案例的類別号 交叉制表

您的年級中各群体所占比例		案例的类别号			合计
		中规中矩群体	时尚潮人群体	重度无聊群体	
您的年級？ 大一	计数	14	15	14	43
	您的年級中各群体所占比例	32.6%	34.9%	32.6%	100.0%
大二	计数	13	22	34	69
	您的年級中各群体所占比例	18.8%	31.9%	49.3%	100.0%
大三	计数	66	70	58	194
	您的年級中各群体所占比例	34.0%	36.1%	29.9%	100.0%
大四	计数	10	9	22	41
	您的年級中各群体所占比例	24.4%	22.0%	53.7%	100.0%
合计	计数	103	116	128	347
	您的年級中各群体所占比例	29.7%	33.4%	36.9%	100.0%

圖 3-55

卡方检验

	值	df	渐进 Sig.（双侧）
Pearson 卡方	15.355[a]	6	.018
似然比	15.471	6	.017
线性和线性组合	.004	1	.951
有效案例中的 N	347		

圖 3-56

圖 3-57 給出了顯示行百分比的學科專業對分類結果的交叉表。圖 3-58 則給出了行變量對列變量是否獨立的卡方檢驗，其卡方檢驗的 Pearson 卡方和似然比的 Sig 值均大於 0.05，支持原假設，即學科對分類結果沒有顯著影響。

您的学科属于？*案例的类别号 交叉制表

您的学科属于：			案例的类别号			合计
			中规中矩群体	时尚潮人群体	重度无聊群体	
	社会科学类（含：哲学、经济学、法学、教育学、文学、历史学、管理学、艺术学）	计数	67	68	82	217
		您的学科中各群体所占比例	30.9%	31.3%	37.8%	100.0%
	自然科学类（理学、工学、农学、医学）	计数	29	38	40	107
		您的学科中各群体所占比例	27.1%	35.5%	37.4%	100.0%
合计		计数	96	106	122	324
		您的学科中各群体所占比例	29.6%	32.7%	37.7%	100.0%

圖 3-57

卡方检验

	值	df	渐进 Sig. (双侧)
Pearson 卡方	.730ª	2	.694
似然比	.730	2	.694
线性和线性组合	.122	1	.727
有效案例中的 N	324		

圖 3-58

至此，我們可以得到該市場細分的最終結果，大學生手機閱讀者可以細分為 3 個群體，即時尚潮人群體、重度無聊群體和中規中矩群體。時尚潮人群體對價格比較敏感，其手機閱讀動機表現為獲取諮詢、時尚互動和評論；重度無聊群體對手機閱讀的依賴性很高，其動機表現為打發無聊時間，在大二和大四群體中的比例相對較高；中規中矩群體則在各個方面的表現居中，無明顯突出特徵。

【營銷應用】

數據 3-5 是某電信公司用戶的數據，請綜合應用其人口統計特徵變量、行為特徵變量和心理特徵變量來進行市場細分，並解釋其細分結果。

第四講　市場定位

【實驗目的】

1. 掌握基於品牌屬性評價的因子分析之市場定位的方法。
2. 掌握基於品牌屬性評價的多維尺度之市場定位法。
3. 掌握基於品牌相似性的多維尺度之市場定位法。

【知識儲備】

多維尺度法：簡稱MDS，將客體間的距離轉換成幾何維度的空間表徵，然後對這些幾何維度空間表徵進行解釋，並同時達到對客體分類的目的，又稱「知覺構圖技術」。MDS是市場研究的一種有力手段，它可以通過低維空間（通常是二維）展示多個研究對象（比如品牌）之間的聯繫，利用平面距離來反應對象之間的相似程度。距離矩陣的獲取方法有兩種：一是直接評價法，把所有評價對象進行兩兩組合，然後做相似性評價；二是間接評價法，讓被訪者對研究對象的主要屬性進行逐一評價。

【實驗一】 基於因子分析的市場定位法

【例】數據4-1是10個汽車品牌的15個屬性的消費者評價數據，請用因子分析法結合Excel繪圖來表達這些汽車品牌的市場定位。

操作：首先對數據4-1進行因子分析，把屬性評價變量均選入「變量」對話框，如圖4-1：

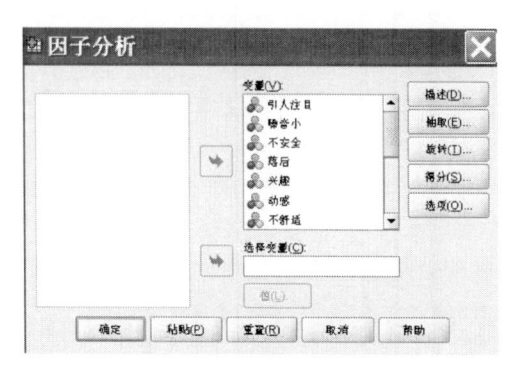

圖4-1

單擊「抽取」對話框，在「因子分析：抽取」對話框中，勾選「輸出」當中的「碎石圖（S）」，去掉「未旋轉的因子解（F）」，指定「抽取」當中的「因子的固定數量（N）」為「2」，然後單擊「繼續」，如圖4-2所示：

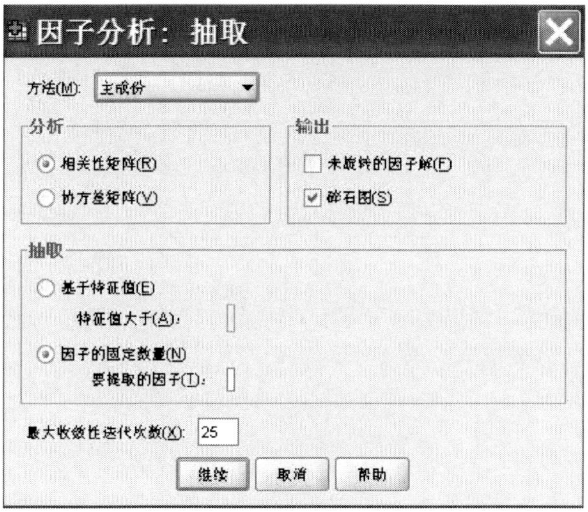

圖4-2

單擊「旋轉」按鈕，彈出「因子分析：旋轉」對話框，勾選「方法」下的「最大方差法（V）」，「輸出」下面的「旋轉解（R）」，然後單擊「繼續」，如圖4-3所示：

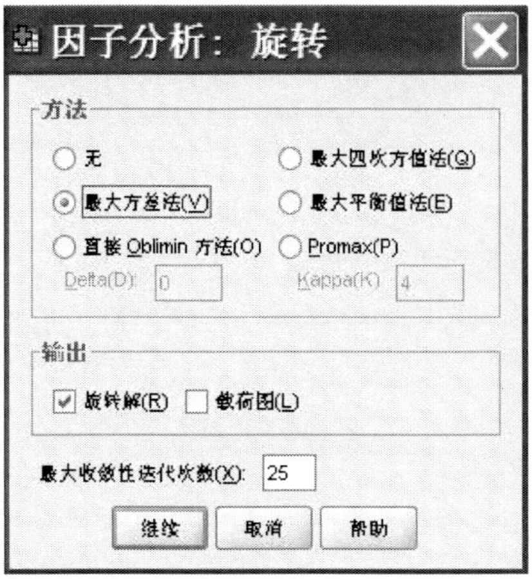

圖4-3

單擊「得分」按鈕，彈出「因子分析：得分」對話框，勾選「保存為變量（S）」，然後單擊「繼續」，如圖4-4：

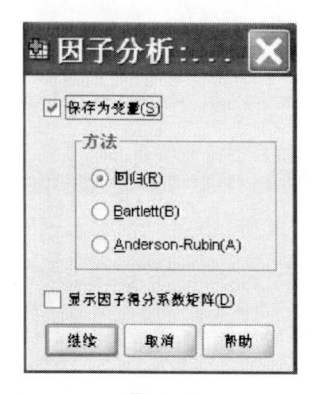

圖 4-4

單擊「選項」按鈕，彈出「因子分析：選項」對話框，勾選「系數顯示格式」下的「按大小排序」，然後單擊「繼續」。如圖 4-5：

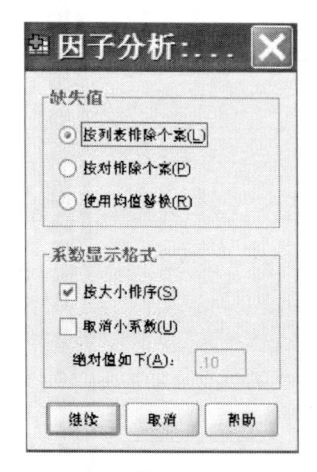

圖 4-5

最後單擊「確定」，得到因子分析的結果。

圖 4-6 顯示我們一共提取出了兩個成分，其解釋的總方差累積為 70.296%，降維效果良好。

解釋的总方差

成份	旋转平方和载入 合计	方差的 %	累积 %
1	6.906	46.039	46.039
2	3.638	24.256	70.296

註：提取方法為主成份分析。

圖 4-6

圖 4-7 給出了「旋轉成分矩陣」，觀察該圖，我們可以看出，第一個因子代表的是

不引人注目、落後、不成功、不安全、大眾的屬性評價，因此可以將其命名為「經濟型」；第二個因子則代表了動感、前衛，但舒適度不夠的等屬性評價，因此可以將其命名為「時尚型」。

旋转成份矩阵^a

	成份 1	成份 2
不引人注目	-.991	-.050
落后	.930	.240
成功	-.926	-.098
不安全	.865	-.258
声望高	-.854	-.370
噪音小	-.769	-.494
物非所值	.712	-.171
大众	.683	.236
兴趣	.673	.301
动感	.195	.938
宽敞	-.469	-.810
服务方便	.157	.801
不舒适	.602	.701
前卫	-.244	.524
经济	.000	-.029

註：提取方法為主成分分析法。
旋轉法為具有 Kaiser 標準化的正交旋轉法。
a 為旋轉在 3 次迭代後收斂。

圖 4-7

接下來，我們把 SPSS 變量窗中的「FAC1_1」和「FAC2_1」分別改成「經濟型」和「時尚型」，則其數據窗中各汽車品牌的因子得分系數如圖 4-8 所示：

物非所值	经济型	时尚型
3.4	-0.90525	-0.68309
4.3	1.17747	-0.10316
4.3	0.26128	-1.95834
3.5	-1.02566	1.74474
3.6	1.04753	0.22555
2.5	-0.69367	0.55470
2.9	-0.76325	-0.65003
4.3	1.16290	0.70501
3.3	-1.06361	-0.33713
3.8	0.90226	0.50174

圖 4-8

然後，我們將該因子得分系數結果數據導入 Excel 中，並以「經濟型」和「時尚型」為坐標軸，繪製知覺圖，如圖 4-9 所示：

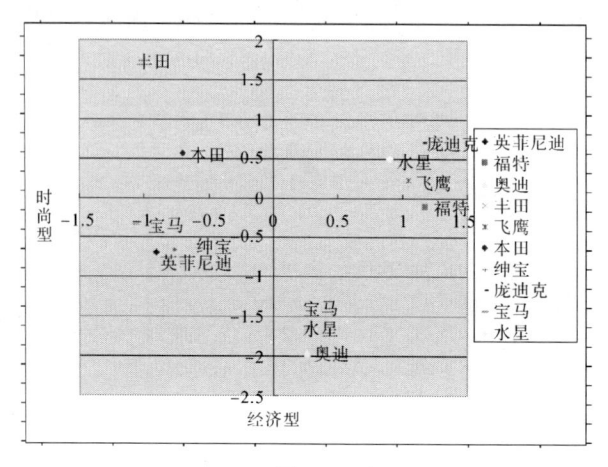

圖 4-9

由圖 4-9 可以看出：在本例的調查人群中，本田和豐田處於較為有利的位置，它們在顧客心目中的形象是「非經濟型的」和「時尚型的」；而龐迪克、水星、飛鷹和福特則處於不利的位置，它們在顧客心目中的形象是「經濟型的」，也不太「時尚」；寶馬、英菲尼迪和紳寶在顧客心目中雖然是「非經濟型的」，但它們不夠「時尚」。

【實驗二】 基於屬性評價的 MDS 市場定位法

【例】數據 4-2 是美國汽車市場的 10 個品牌之屬性評價，請運用多維尺度法給出其市場定位。

操作：打開數據 4-2，點擊「分析」→「度量」→「多維尺度（PROXSCAL）」，如圖 4-10 所示：

圖 4-10

在「多維尺度：數據格式」界面中，勾選「從數據中創建近似值（C）」選項，單擊「定義」按鈕，如圖4-11：

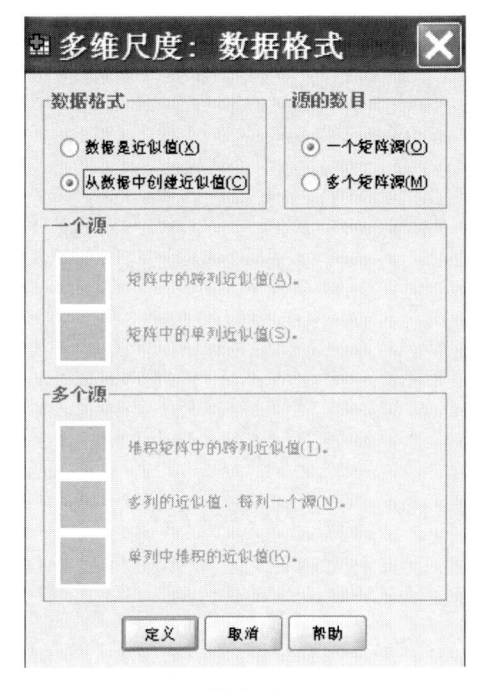

圖 4-11

在「多維尺度（從數據中創建列表）」界面中，把「英菲尼迪」等10個汽車品牌選入「變量」對話框，如圖4-12所示：

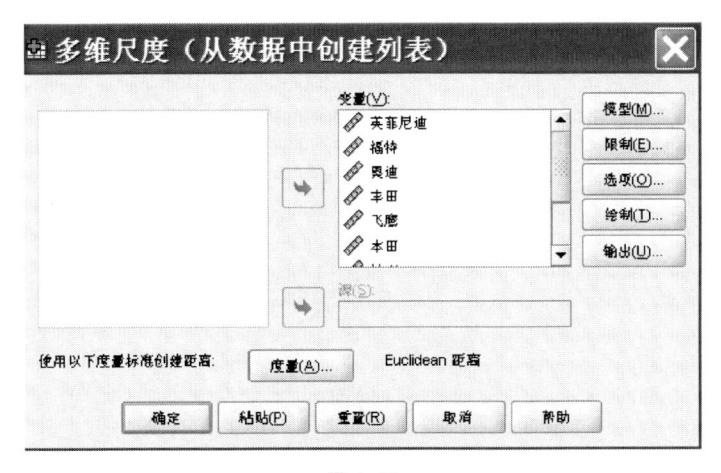

圖 4-12

單擊「度量」按鈕，得到「多維尺度：度量標準」界面。因屬性評價值為連續變量，故選擇「區間」下的「Euclidean 距離」（歐氏距離），在「創建距離矩陣」選項

中，由於 4-2 的數據已經在數據 4-1 的基礎上進行了轉置，故默認其選擇「個案間」，單擊「繼續」，如圖 4-13 所示：

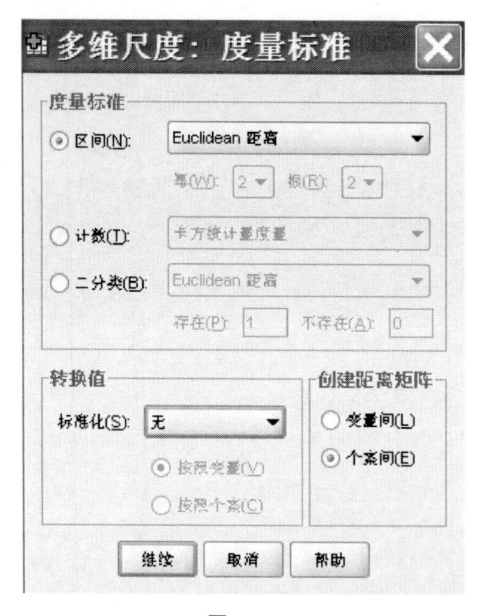

圖 4-13

單擊「模型」按鈕，在「多維尺度：模型」界面中，因屬性評價值為連續變量，故勾選「近似值轉換」下的「區間」選項，單擊「繼續」，如圖 4-14 所示：

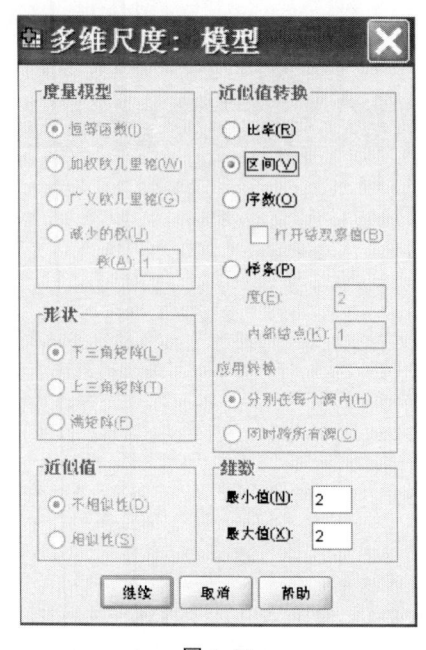

圖 4-14

單擊「繪製」按鈕，得到「多維尺度：圖」界面，系統默認輸出「公共空間」，即知覺圖——市場定位圖。如圖4-15所示：

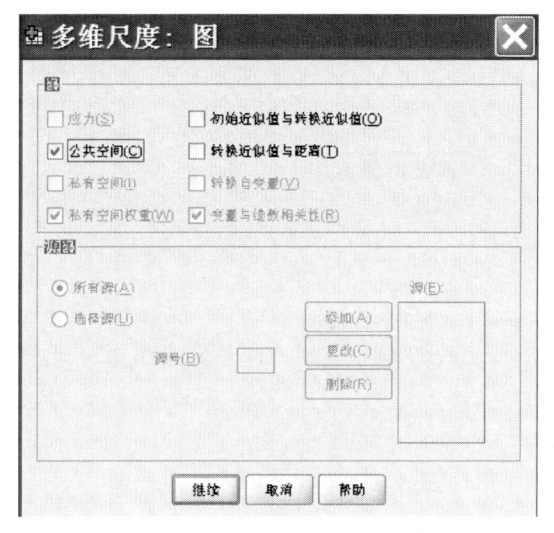

圖4-15

單擊「輸出」按鈕，在「多維尺度：輸出」界面中，可以看到，系統將默認輸出「公共空間坐標（C）」和「多應力度量標準（M）」（多重應力擬合優度表），單擊「繼續」，如圖4-16所示：

圖4-16

單擊「確定」按鈕，系統開始運行，輸出如下結果，圖4-17給出了模型的擬合優度情況。其應力係數「標準化初始應力」為0.01035，小於0.025，擬合得非常好（通常模型的應力係數小於0.1即可以接受，小於0.05為「好」），同時，其（離散所占比例）D. A. F值為0.98965，非常接近於1，故該模型擬合效果非常好。

应力和拟合度量

标准化初始应力	.01035
Stress-I	.10173[a]
Stress-II	.23843[a]
S-Stress	.01701[b]
离散所占比例 (D.A.F.)	.98965
Tucker 同余系数	.99481

註：PROXSCAL 使「標準化初始應力」最小化。
a 表示最優定標因子=1.010。
b 表示最優定標因子=.985。

圖4-17

圖4-18則給出了10個汽車品牌在知覺圖中最終的坐標。

	维数	
	1	2
英菲尼迪	-.793	-.212
福特	.612	.040
奥迪	-.393	-.457
丰田	-.211	.624
飞鹰	.707	-.263
本田	-.177	.092
绅宝	-.510	-.112
庞迪克	.799	.244
宝马	-.701	.233
水星	.667	-.189

圖4-18

圖4-19則給出了最終的知覺圖，我們可以從中直觀地看出各個品牌的分佈情況。從維數1方向上看，寶馬、英菲尼迪、紳寶等品牌位於最左端，龐迪克、飛鷹、水星等品牌位於最右端。從左至右，品牌的檔次在逐漸降低，故第一維數代表了品牌的豪華程度。從維數2方向上看，豐田、寶馬等品牌在最上端，奧迪、飛鷹等品牌在最下端；從下至上，品牌的嚴肅、傳統等氣質在逐漸減弱，而動感、時尚等特徵在逐漸加強。故維數2主要代表了品牌的時尚程度。該知覺圖還直觀地反應了各個汽車品牌在消費者心目中的相似程度。在圖中，水星、飛鷹和福特等品牌的距離很近，這表明在

消費者心目中，它們是比較相似的；同樣地，距離英菲尼迪品牌最近的是紳寶，這表明在消費者心目中，它們二者是比較類似的。我們可以依據該知覺圖的各個品牌之間的遠近以及分佈的集中或分散程度來判斷各個品牌之間的主要競爭對手以及市場競爭的激烈程度。該圖上距離很近的品牌表明其是對方的主要競爭對手；該圖品牌分佈較為集中的區域則表明該細分市場競爭較為激勵，反之則不激勵。需要說明的是，由於該圖的兩個維數均沒有反應顧客偏好，故該圖中的空白區域並不能表明那是一個好的市場空白或藍海市場。

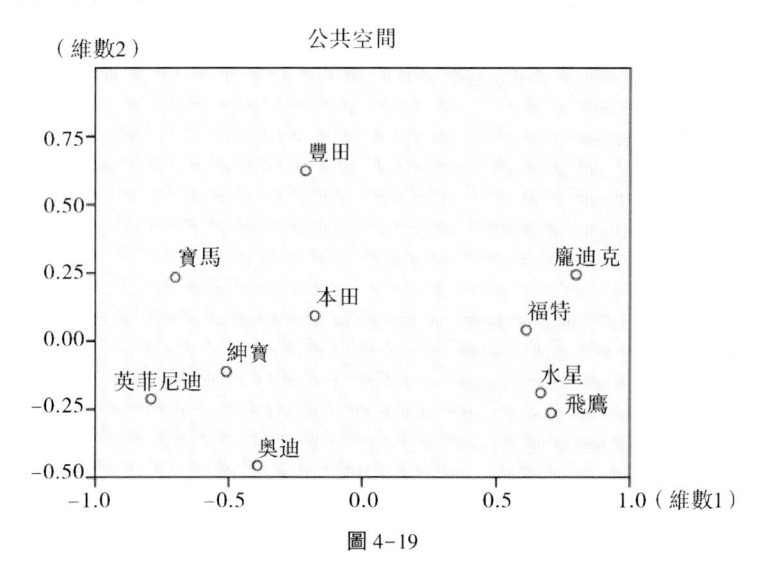

圖 4-19

【實驗三】基於相似性評價的多為尺度法

【例】對於實驗二中的 10 個汽車品牌，我們通過問卷調查要求被調查者對品牌兩兩之間的相似性進行評分，運用李克特 7 點量表，1 分表示極不相似，7 分表示非常相似。對所有調查者的數據進行算數平均處理後，我們得到一個相關性矩陣圖，如圖 4-20 所示：

品牌	英菲尼迪	福特	奥迪	丰田	飞鹰	本田	绅宝	庞迪克	宝马	水星
英菲尼迪	7.00	1.00	4.00	4.00	1.00	3.00	2.00	5.00	6.00	3.00
福特	1.00	7.00	2.00	2.00	5.00	3.00	4.00	1.00	2.00	3.00
奥迪	4.00	2.00	7.00	4.00	2.00	3.00	3.00	5.00	4.00	3.00
丰田	4.00	2.00	4.00	7.00	3.00	4.00	4.00	2.00	3.00	4.00
飞鹰	1.00	5.00	2.00	3.00	7.00	3.00	4.00	1.00	2.00	3.00
本田	3.00	3.00	3.00	4.00	3.00	7.00	6.00	2.00	2.00	4.00
绅宝	2.00	4.00	3.00	4.00	4.00	6.00	7.00	2.00	2.00	5.00
庞迪克	5.00	1.00	5.00	2.00	1.00	2.00	2.00	7.00	7.00	2.00
宝马	6.00	2.00	4.00	3.00	2.00	2.00	2.00	7.00	7.00	2.00
水星	3.00	3.00	3.00	4.00	3.00	4.00	5.00	2.00	2.00	7.00

圖 4-20

打開數據 4-3，點擊「分析」→「度量」→「多維尺度（PROXSCAL）」，然後勾選「數據格式」下的「數據是近似值」選項，單擊「定義」按鈕，如圖 4-21 所示：

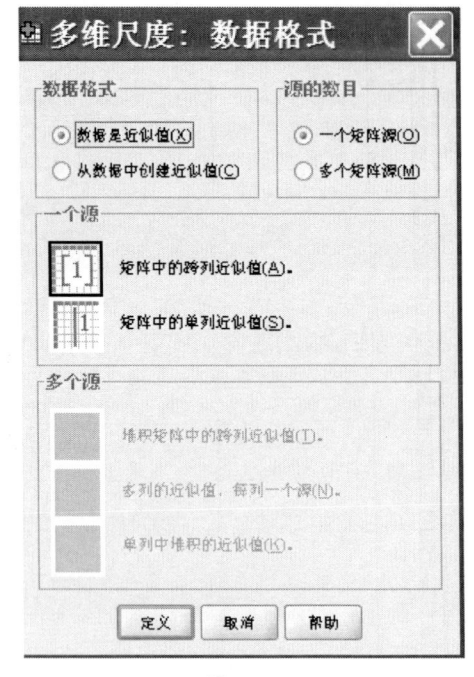

圖 4-21

在「多維尺度（矩陣中的跨列近似值）」界面中，把 10 個汽車品牌選入「近似值」對話框，如圖 4-22 所示：

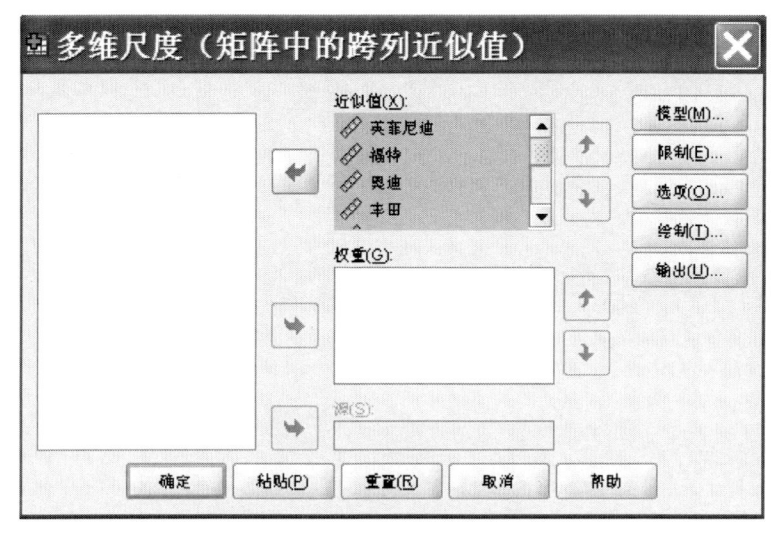

圖 4-22

單擊「模型」按鈕，進入「多維尺度：模型」界面，如圖 4-23 所示：

圖 4-23

勾選「近似值轉換」下的「區間」選項；由於本數據形式是正方形，故勾選「形狀」下的「滿矩陣」；因本評分當中 7 分代表非常相似，故勾選「近似值」下的「相似性」，然後單擊「繼續」，如圖 4-24 所示：

79

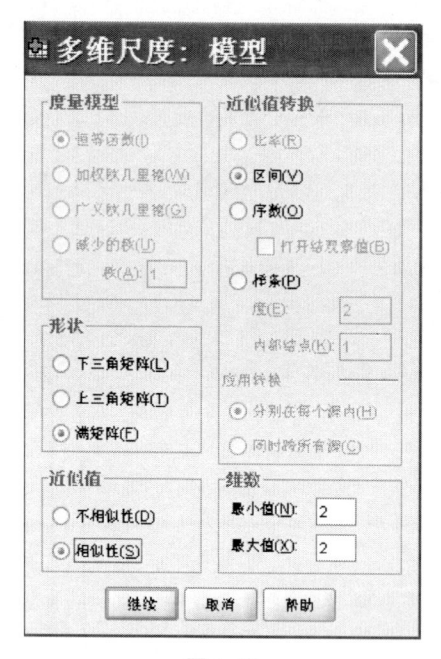

圖 4-24

其他各項設置均選擇默認，最後單擊「確定」，得到如下結果：

圖 4-25 給出了模型的擬合優度，其「標準化初始應力」值為 0.2422，小於 0.025，表明其擬合度很好；其「離散所占比例（D. A. F）」值為 0.97578，很接近 1。這表明模型的擬合度令人滿意。

应力和拟合度量

标准化初始应力	.02422
Stress-I	.15561[a]
Stress-II	.38728[a]
S-Stress	.04745[b]
离散所占比例 (D.A.F.)	.97578
Tucker 同余系数	.98782

註：PROXSCAL 使「標準化初始應力」最小化。
    a 表示最優定標因子＝1.025。
    b 表示最優定標因子＝.976。

圖 4-25

圖 4-26 給出了 10 個汽車品牌在公共空間圖上的最終坐標。

第四講　市場定位

最终坐标

	維數 1	維數 2
英菲尼迪	-.700	-.142
福特	.544	.635
奧迪	-.347	.019
丰田	-.102	-.527
飞鹰	.723	.387
本田	.425	-.249
绅宝	.515	-.136
庞迪克	-.725	.298
宝马	-.665	.286
水星	.334	-.569

圖 4-26

圖 4-27 則給出了 10 個汽車品牌的公共空間圖——知覺圖，即市場定位圖。由該圖可以看出：寶馬、龐迪克、奧迪和英菲尼迪相似性較高；福特和飛鷹相似性較高；餘下的紳寶、本田、水星和豐田的相似性較高。這是在消費者心目中，10 個汽車品牌相似度的總體印象，通過該圖我們可以直觀地看出各個汽車品牌的差異化做得如何。

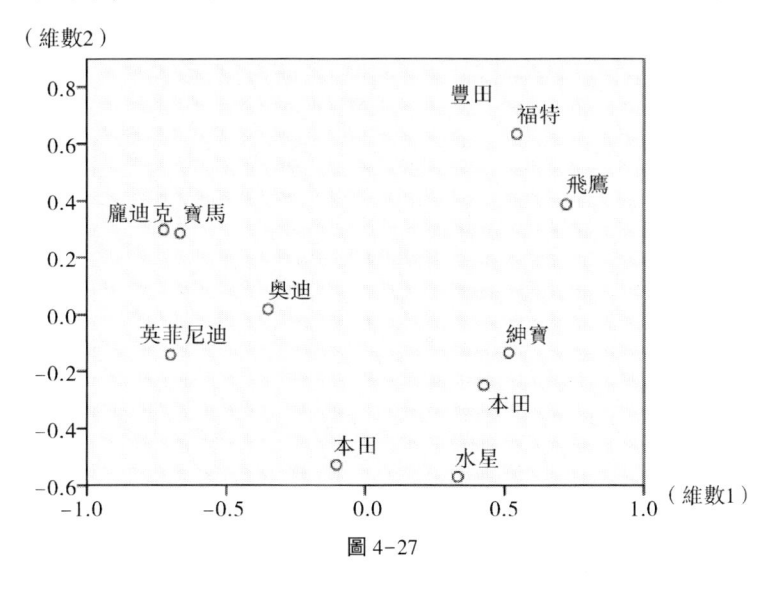

圖 4-27

【營銷應用】

數據 4-4 是國內市場上常見的 5 個手機品牌的相似性評分，請用多維尺度法給出其市場定位，並做簡要分析。

第五講　價格分析

【實驗目的】

1. 掌握價格敏感度測試方法（PSM）；

【知識儲備】

價格敏感度測試法

（1）原理：主要用於衡量顧客對不同價格的滿意及接受程度、瞭解顧客認為合適的產品價格所做的測試研究，通過描繪價格趨勢圖、氣泡圖、正態分佈圖等方法，為客戶確定產品/服務的合適價格提供重要的參考依據。

（2）價格敏感度測試法的操作：

第一步：對某一新產品或服務，被訪者被出示一個價格測試標度，訪問者對某一產品或服務追問被訪者4個問題：

① 「請問對該產品，您認為什麼價格對您而言是物有所值的？」暗指較低價格。

② 「請問該產品如果低到什麼價格，您可能懷疑其質量較差，從而不會去購買？」暗指最低價格。

③ 「請問什麼樣的價格您認為較高，但仍可能去購買？」暗指較高價格。

④ 「請問如價格高到什麼程度，您肯定會放棄購買？」暗指最高價格。

第二步：對於上述四個問題都可以求出每個問題在不同價格點上的頻數以及頻數的累計百分比，並導入 Excel 中，分別繪出 4 條折線。如圖 5-1 所示：

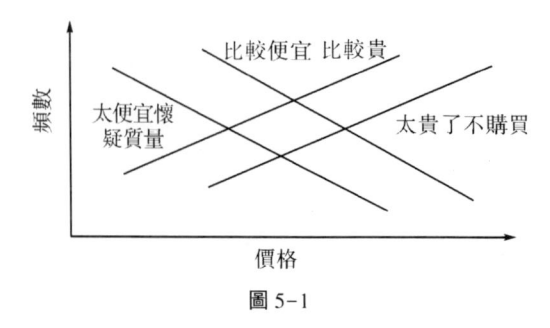

圖 5-1

【實驗一】價格敏感度測試（PSM）

【例】請根據數據 5-1 做手機的價格敏感度測試，並分析其合理定價區間和最佳價格。

操作：打開數據 5-1，點擊「分析」→「描述統計」→「頻率」。如圖 5-2 所示：

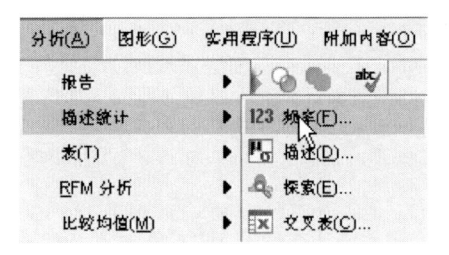

圖 5-2

在「頻率」界面，把「該手機太便宜了，懷疑其質量不好」和「該手機經濟實惠、物有所值（比較便宜）」兩個變量選入到「變量」窗口，然後勾選「顯示頻率表格」選項，如圖 5-3 所示：

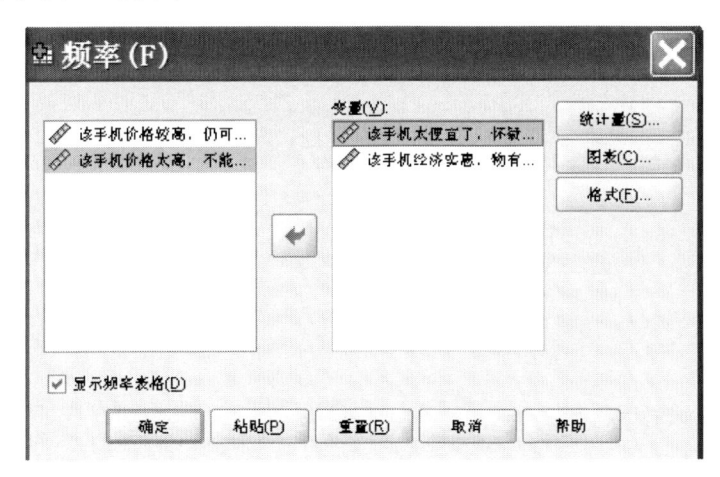

圖 5-3

單擊「統計量」按鈕，在「頻率：統計量」界面中，勾選「集中趨勢」下的「合計」選項，然後單擊「繼續」，如圖 5-4 所示：

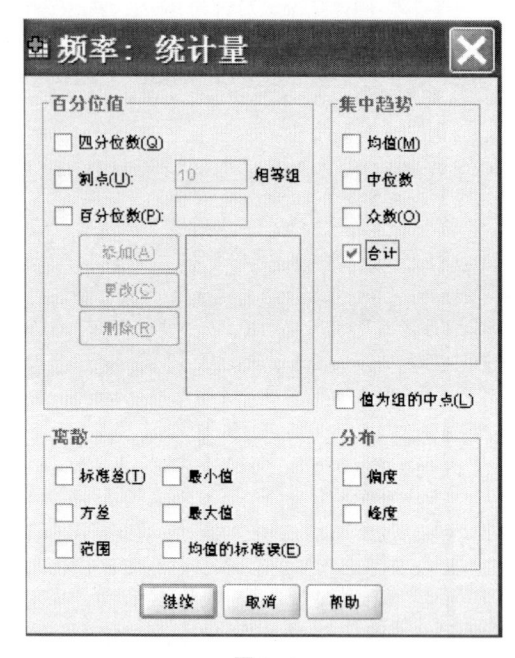

圖 5-4

單擊「格式」按鈕，在「頻率：格式」界面中，勾選「排序方式」下的「按值的降序排列」，然後單擊「繼續」，如圖 5-5 所示：

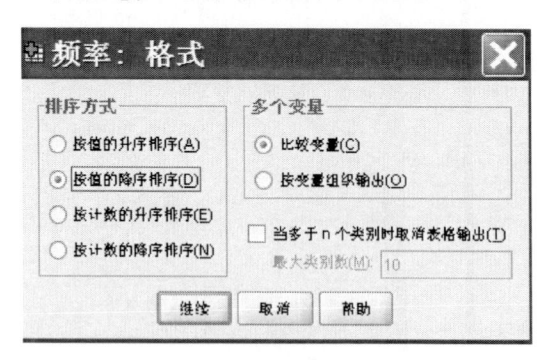

圖 5-5

單擊「確定」，得到以下結果：圖 5-6 是被調查者覺得「該手機太便宜了，懷疑其質量不好」的累計百分比表。

该手机太便宜了，怀疑其质量不好

		频率	百分比(%)	有效百分比(%)	累积百分比(%)
有效	3001元以上	1	.2	.3	.3
	2501-3000元	1	.2	.3	.5
	2001~2500元	14	3.3	3.6	4.1
	1501~2000元	22	5.3	5.6	9.7
	1001~1500元	52	12.4	13.3	23.0
	801~1000元	82	19.6	20.9	43.9
	800元以下	220	52.5	56.1	100.0
	合计	392	93.6	100.0	
缺失	.00	2	.5		

圖 5-6

圖 5-7 是被調查者覺得「該手機經濟實惠，物有所值（比較便宜）」的累計百分比表。

该手机经济实惠，物有所值（比较便宜）

		频率(%)	百分比(%)	有效百分比(%)	累积百分比(%)
有效	3001元以上	2	.5	.5	.5
	2501-3000元	2	.5	.5	1.0
	2001~2500元	46	11.0	11.8	12.8
	1501~2000元	104	24.8	26.7	39.5
	1001~1500元	135	32.2	34.6	74.1
	801~1000元	87	20.8	22.3	96.4
	800元以下	14	3.3	3.6	100.0
	合计	390	93.1	100.0	
缺失	.00	2	.5		

圖 5-7

接下來，選中這兩個表格，單擊「文件」→「導出」，如圖 5-8 所示：

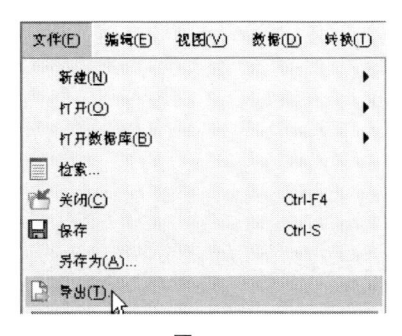

圖 5-8

在「導出輸出」界面，勾選「導出的對象」下的「選定」選項，把文檔下的「類型」選項更改為「Excel」，然後在「文件名」下指定其存儲路徑（當然需要事先建一個空白的 Excel 文檔），然後單擊「確定」，如圖 5-9 所示：

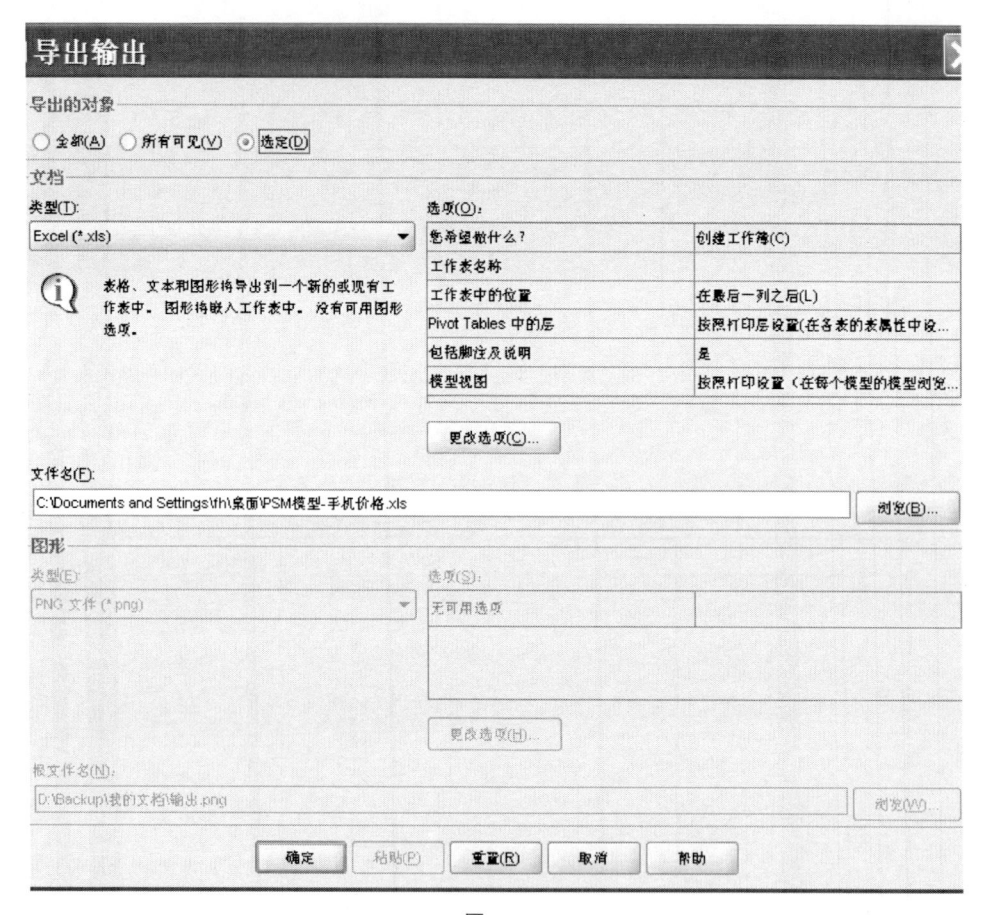

圖 5-9

得到如圖 5-10 所示的 Excel 格式的兩個表格。

该手机太便宜了，怀疑其质量不好

		频率(%)	百分比(%)	有效百分比(%)	累积百分比(%)
有效	3 001元以上	1	.2	.3	.3
	2 501~3 000元	1	.2	.3	.5
	2 001~2 500元	14	3.3	3.6	4.1
	1 501~2 000元	22	5.3	5.6	9.7
	1 001~1 500元	52	12.4	13.3	23.0
	801~1 000元	82	19.6	20.9	43.9
	800元以下	220	52.5	56.1	100.0
	合计	392	93.6	100.0	
缺失	0	2	.5		
合计		401	100.0		

该手机经济实惠，物有所值（比较便宜）

		频率(%)	百分比(%)	有效百分比(%)	累积百分比(%)
有效	3 001元以上	2	.5	.5	.5
	2 501~3 000元	2	.5	.5	1.0
	2 001~2 500元	46	11.0	11.8	12.8
	1 501~2 000元	104	24.8	26.7	39.5
	1 001~1 500元	135	32.2	34.6	74.1
	801~1 000元	87	20.8	22.3	96.4
	800元以下	14	3.3	3.6	100.0
	合计	390	93.1	100.0	
缺失	0	2	.5		
合计		392	100.0		

圖 5-10

由於該表格的形式尚未滿足 PSM 的形式要求，接下來還需要對其形式進行調整。先在該 Excel 窗口中插入一個新的工作表，且按照 PSM 的要求建立一個空白的數據表，如圖 5-11 所示：

价格	太便宜了	比较便宜	比较贵	太贵了
800元以下				
801-1 000元				
1 001-1 500元				
1 501-2 000元				
2 001-2 500元				
2 501-3 000元				
3 000元以上				

圖 5-11

然後把「太便宜了」和「比較便宜」對應的累積百分比數據放入到該表格中，如圖 5-12 所示：

	A	B	C	D	E
1	价格	太便宜了（％）	比較便宜（％）	比較貴（％）	太貴了（％）
2	800元以下	100.0	100.0		
3	801-1 000元	43.9	96.4		
4	1 001-1 500元	23.0	74.1		
5	1 501-2 000元	9.7	39.5		
6	2 001-2 500元	4.1	12.8		
7	2 501-3 000元	.5	1.0		
8	3 000元以上	.3	.5		

圖 5-12

接下來，點擊點擊「分析」→「描述統計」→「頻率」，把「該手機價格較高」和「該手機價格太高」兩個變量放入「頻率」界面的「變量」對話框，如圖 5-13 所示：

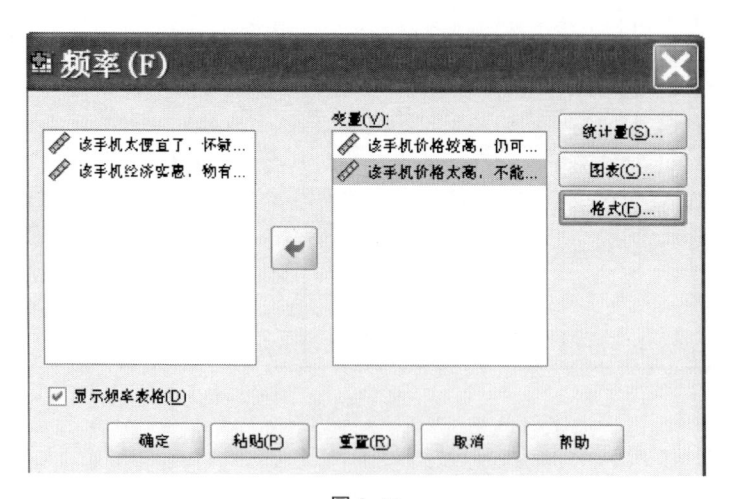

圖 5-13

單擊「格式」按鈕，選擇「按值的升序排列」，然後單擊「繼續」，得到其排列結果，如圖 5-14 和圖 5-15 所示：

該手机价格较高，仍可接受

		频率(%)	百分比(%)	有效百分比(%)	累积百分比(%)
有效	801~1 000元	23	5.5	6.0	6.0
	1 001~1 500元	60	14.3	15.6	21.6
	1 501~2 000元	90	21.5	23.4	45.1
	2 001~2 500元	75	17.9	19.5	64.6
	2 501-3 000元	109	26.0	28.4	93.0
	3 001元以上	27	6.4	7.0	100.0
	合计	384	91.6	100.0	
缺失	.00	2	.5		

圖 5-14

該手机价格太高，不能接受

		频率(%)	百分比(%)	有效百分比(%)	累积百分比(%)
有效	800元以下	6	1.4	1.6	1.6
	801~1 000元	11	2.6	2.9	4.5
	1 001~1 500元	15	3.6	4.0	8.6
	1 501~2 000元	32	7.6	8.6	17.1
	2 001~2 500元	41	9.8	11.0	28.1
	2 501-3 000元	66	15.8	17.6	45.7
	3 001元以上	203	48.4	54.3	100.0
	合计	374	89.3	100.0	
缺失	.00	3	.7		

圖 5-15

同樣把這兩個表導入 Excel 文件中去，得到符合 PSM 形式的數據，如圖 5-16：

	A 价格	B 太便宜了(%)	C 比较便宜(%)	D 比较贵(%)	E 太贵了(%)
1	(%)				
2	800元以下	100.0	100.0	0	1.6
3	801~1 000元	43.9	96.4	6.0	4.5
4	1 001~1 500元	23.0	74.1	21.6	8.6
5	1 501~2 000元	9.7	39.5	45.1	17.1
6	2 001~2 500元	4.1	12.8	64.6	28.1
7	2 501~3 000元	.5	1.0	93.0	45.7
8	3 000元以上	.3	.5	100.0	100.0

圖 5-16

接下來我們開始繪圖，首先點擊「圖表向導」，在「圖表向導」界面中，選擇

「標準類型」下的「折線圖」，然後單擊「下一步」，如圖 5-17 所示：

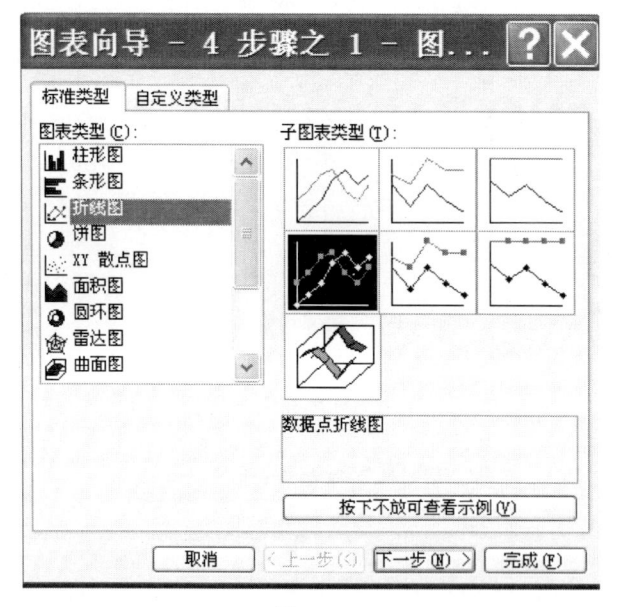

圖 5-17

在「源數據」界面中點擊「數據區域」按鈕，如圖 5-18 所示：

圖 5-18

接著選中同一表中的數據區域，得到數據活動窗口，如圖 5-19 所示：

价格	太便宜了（%）	比较便宜（%）	比较贵（%）	太贵了（%）
800元以下	100.0	100.0	0	1.6
801~1 000元	43.9	96.4	6.0	4.5
1 001~1 500元	23.0	74.1	21.6	8.6
1 501~2 000元	9.7	39.5	45.1	17.1
2 001~2 500元	4.1	12.8	64.6	28.1
2 501~3 000元	.5	1.0	93.0	45.7
3 000元以上	.3	.5	100.0	100.0

圖 5-19

同時，「源數據」界面則出現了相應的折線圖，如圖 5-20 所示：

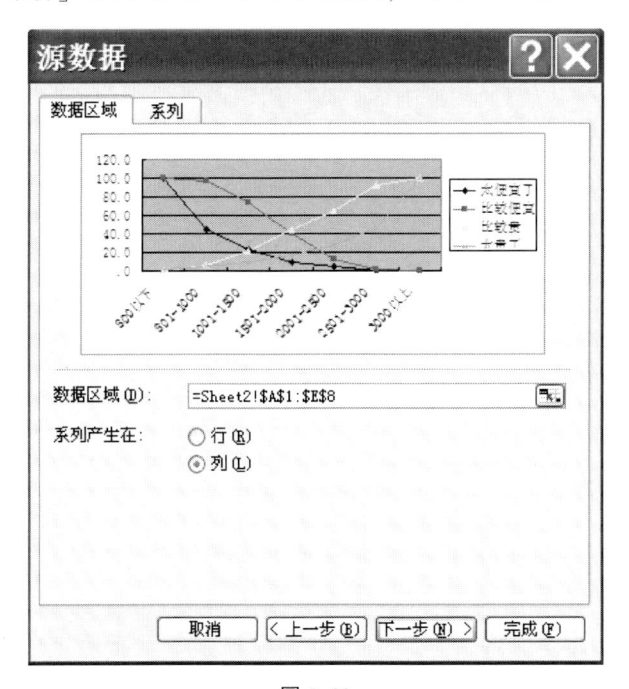

圖 5-20

點擊「系列」按鈕，單擊「下一步」，如圖 5-21 所示：

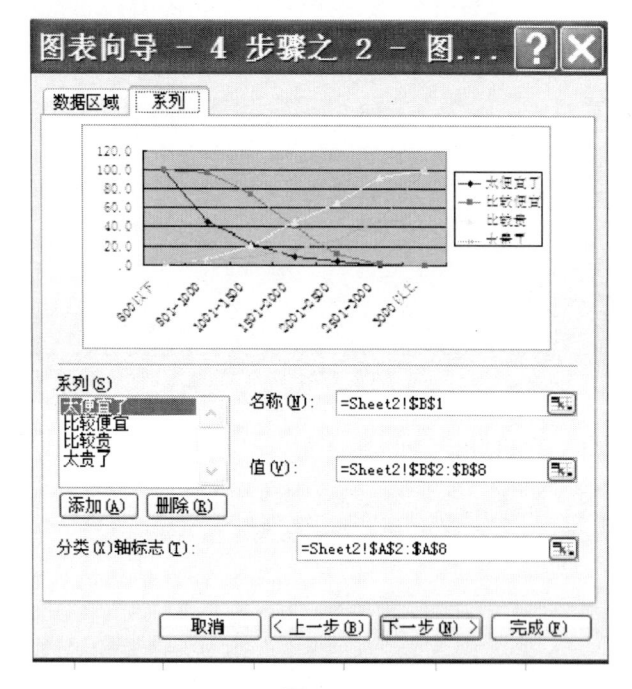

圖 5-21

在「圖表選項」界面中，依次把「圖表標題」「分類（X）軸」和「分類（Y）軸」填上，然後單擊「下一步」，如圖 5-22 所示：

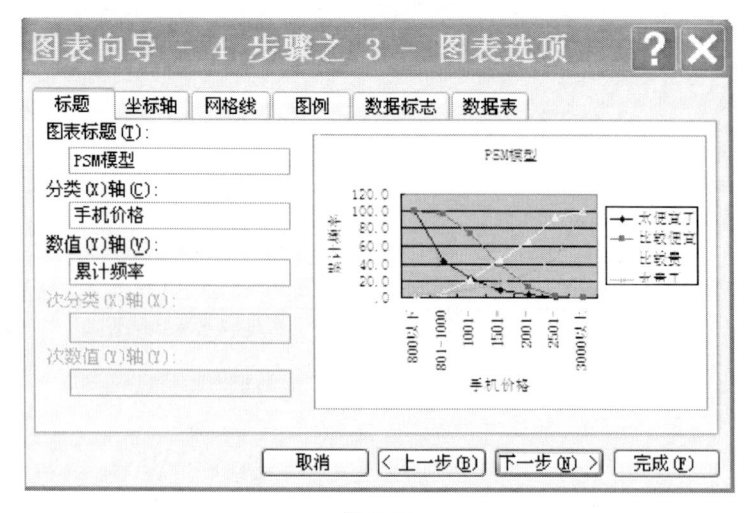

圖 5-22

單擊「網格線」，勾選「分類（X）軸」下的「次要網格線」，去掉「分類（Y）軸」下的「主要網格線」，並單擊「完成」，如圖 5-23 所示：

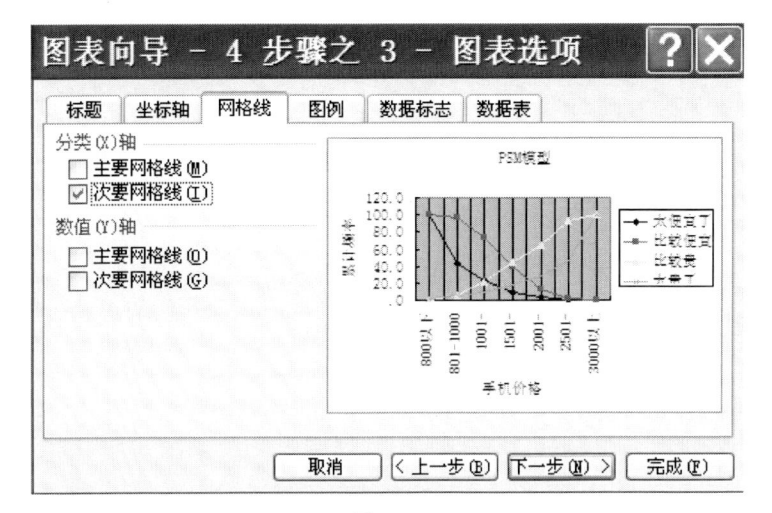

圖 5-23

圖 5-24 給出了 PSM 模型分析的結果，圖中所示的四條曲線交叉形成了 4 個交叉點，點 B（1,001~1,500 元）和點 D（2,001~2,500 元）之間為手機價格的可接受區間，點 A（1,501~2,000 元）為最佳可接受價格，在該價格點，相對需求比例最高。手機生產者可依據定價目標在上述定價區間內確定最終價格。

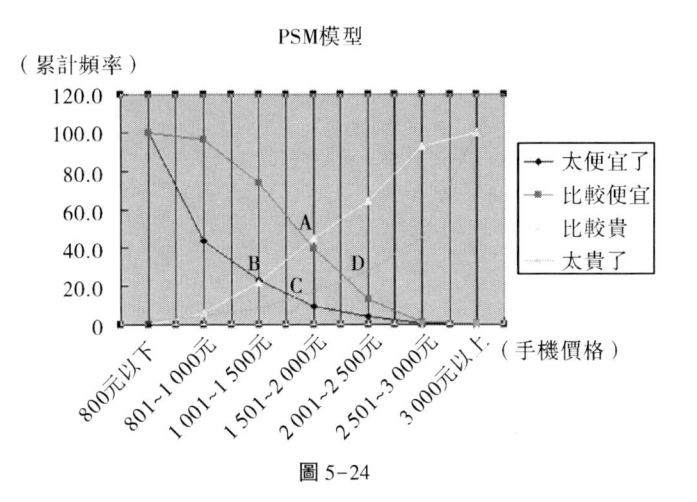

圖 5-24

【營銷應用】

請針對某企業的一款新產品對顧客進行價格敏感度調查，然後運用 PSM 模型，指出其合理的定價區間和最佳價格點。

第六講　篩選新產品概念

【實驗目的】

掌握運用聯合分析方法進行篩選新產品概念。

【知識儲備】

聯合分析法是通過模擬現實產品並根據消費者對模擬產品的購買偏好，分析產品特性（屬性）與特徵水平（屬性水平）的效用（重要程度）的定量方法。

（1）基本思想：它通過提供給消費者以不同的屬性水平組合形成的產品，並請消費者做出心理判斷，按其意願程度給產品組合打分、排序，然後採用數理分析方法對每個屬性水平賦值，使評價結果與消費者的給分盡量保持一致，來分析研究消費者的選擇行為。

（2）原理：通過假定產品具有某些屬性，對現實產品進行模擬，然後讓消費者根據自己的喜好對這些虛擬產品進行評價，並採用數理統計方法將這些特性與屬性水平的效用分離，從而對每一屬性以及屬性水平的重要程度做出量化評價。結合分析中的分析對象（某種產品或服務）是由一系列的基本屬性（如：質量、方便程度、價格）以及產品的專有屬性（如電腦的CPU速度、說明書的詳盡等）所組成的；消費者的抉擇過程是理性地考慮這些屬性而進行的。聯合分析就是根據聯合分析的不同類型，使用不同的統計方法，如普通最小二乘法、加權最小二乘法和分對數分析法將受訪者的回答轉化成重要性或效用。

（3）聯合分析的統計術語：

①分值函數，即效用函數，用於描述消費者賦予每種屬性的各個水平上的效用。

②相對重要性權數，其估計值用於表示消費者做選擇時，屬性影響的重要程度。

③屬性水平，表示屬性所呈現的值。

④全輪廓，也叫完全輪廓，品牌的全輪廓是由全部屬性的各種水平組合構成的。

⑤配對表，在配對表中，被調查者每次評價兩個屬性，直到所有可能的屬性（每兩個屬性）都被評價完畢為止。

⑥正交表，是一種設計用表，可以減少全輪廓方法中被評價的組合數目，且能有效地估計所有主要的效應。

⑦內部效度，表示預測的效用與被調查者評價的效用之間的相關程度。

（4）聯合分析的主要步驟：

①確定產品或服務的屬性與屬性水平。

②產品模擬。
③決定數據的輸入形式。
④選擇結合分析的具體方法進行分析，解釋結果。
⑤評估信度和效度。

【實驗一】聯合分析法篩選新產品概念

【例】請根據數據 6-1 篩選出最優的新產品概念。
操作：打開數據 6-1，點擊「數據」→「正交設計」→「生成」。如圖 6-1 所示：

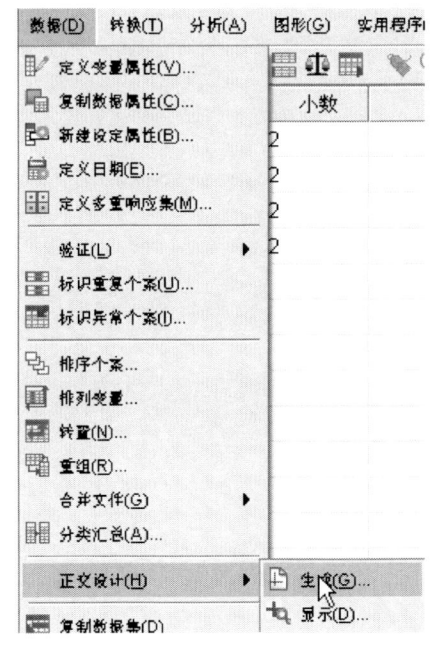

圖 6-1

在「生成正交設計」界面，依次把「外觀」「價格」「品牌」和「功能」放入相應的對話框中，如圖 6-2 所示：

圖 6-2

然後單擊「定義值」，在「生成設計：定義值」界面中，把每個變量的值標籤相應定義完整，如圖 6-3 所示：

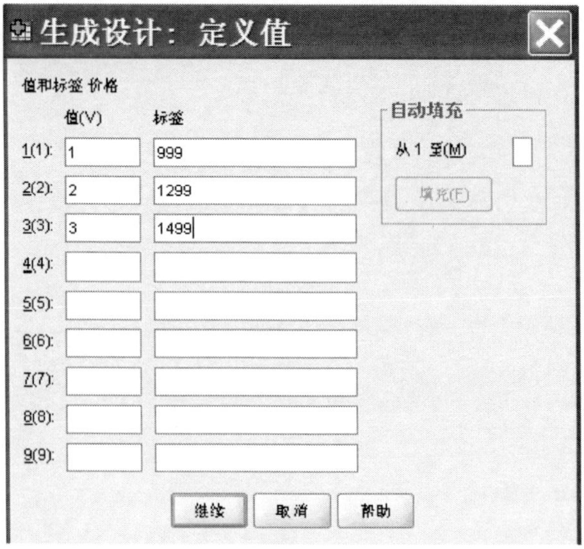

圖 6-3

完成 4 個變量的定義值後，回到「生成正交設計」界面，並在「創建新數據集」下的「數據集名稱」後鍵入「手機屬性正交設計」，如圖 6-4 所示：

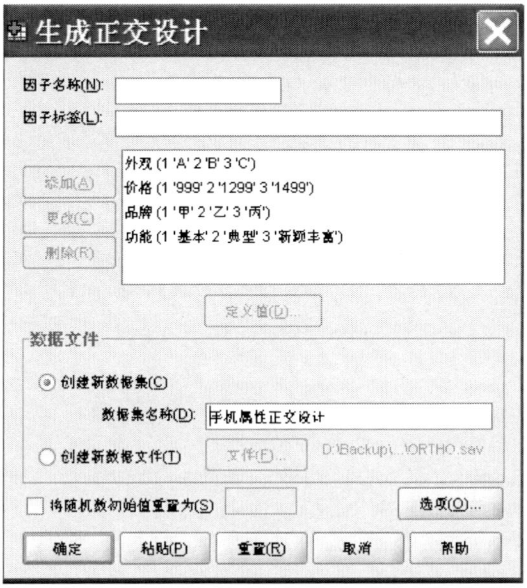

圖 6-4

單擊「確定」，並保存該數據文件，得到圖 6-5 所示變量視圖：增加了兩個變量「STATUS_」和「CARD_」。

	名稱	類型	寬度	小數	標籤	值
1	外觀	數值(N)	8	2		{1.00, A}...
2	价格	數值(N)	8	2		{1.00, 999}...
3	品牌	數值(N)	8	2		{1.00, 甲}...
4	功能	數值(N)	8	2		{1.00, 基本}...
5	STATUS_	數值(N)	8	0		{0, Design}...
6	CARD_	數值(N)	8	0		無

圖 6-5

在該文件的數據視圖中，可看到正交設計的結果，共得到了 9 個典型的新產品概念，其 4 個產品屬性的表現如圖 6-6 所示：

外觀	价格	品牌	功能	STATUS_	CARD_
3.00	2.00	3.00	1.00	0	1
3.00	3.00	1.00	2.00	0	2
2.00	1.00	3.00	2.00	0	3
2.00	3.00	2.00	1.00	0	4
2.00	2.00	1.00	3.00	0	5
1.00	3.00	3.00	3.00	0	6
1.00	1.00	1.00	1.00	0	7
3.00	1.00	2.00	3.00	0	8
1.00	2.00	2.00	2.00	0	9

圖 6-6

接下來，請 7 位受訪者給以上的 9 種產品概念組合評分，1 分代表「最不喜歡」，9 分代表「最喜歡」，並錄入到 SPSS 中，命名該文件為「手機組合排序」，結果如圖 6-7 所示：

受訪者	組合一	組合二	組合三	組合四	組合五	組合六	組合七	組合八	組合九
1	9	7	8	4	7	5	1	2	6
2	8	4	9	3	2	7	1	6	5
3	5	8	9	4	2	3	1	7	6
4	3	8	7	1	5	9	4	2	6
5	4	8	9	5	2	6	3	1	7
6	7	4	5	8	9	6	1	3	2
7	1	6	4	7	5	2	9	3	8

圖 6-7

然後，打開一個新的 SPSS 文件，單擊「文件」→「新建」→「語法」，如圖 6-8 所示：

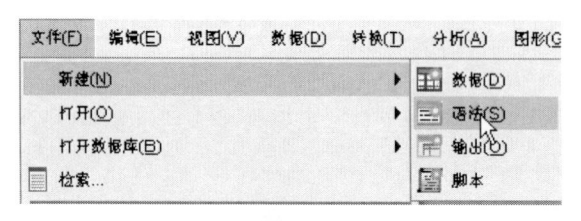

圖 6-8

依次輸入聯合分析語句，如圖 6-9 所示：

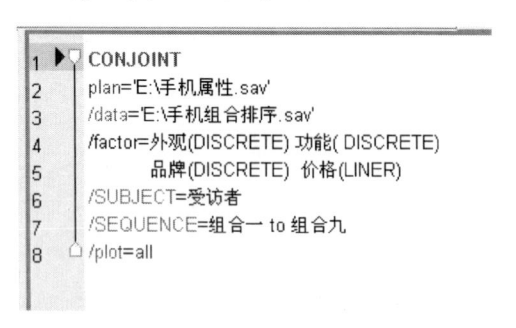

```
1  CONJOINT
2  plan='E:\手机属性.sav'
3  /data='E:\手机组合排序.sav'
4  /factor=外观(DISCRETE) 功能(DISCRETE)
5           品牌(DISCRETE) 价格(LINER)
6  /SUBJECT=受访者
7  /SEQUENCE=组合一 to 组合九
8  /plot=all
```

圖 6-9

最後，單擊「運行」→「至結束」，即可得到聯合分析的結果，如圖 6-10 所示：

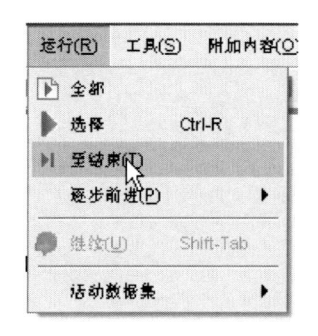

圖 6-10

圖 6-11 給出了 4 個屬性的估計效用值，可見：外觀 B、品牌乙、基本功能和 999 元的價格的效用估計值最大。這說明在消費者心裡存在這樣一種理想產品概念，它的品牌名為乙，有著 B 的外觀，基本功能，僅售 999 元。

實用程序

		實用程序估計	標準誤
外觀	A	-.444	.111
	B	.556	.111
	C	-.111	.111
品牌	甲	-.333	.111
	乙	1.333	.111
	丙	-1.000	.111
功能	基本	.333	.111
	典型	-.500	.111
	新穎豐富	.167	.111
價格	999	-.333	.096
	1299	-.667	.192
	1499	-1.000	.289
（常數）		5.667	.208

圖 6-11

圖 6-12 給出了「外觀」屬性的實用程序圖，由圖可以非常直觀地看出，「B」外觀的實用程序值為正值，且最大，而「A」和「C」的實用程序值為負值。

（實用程序）

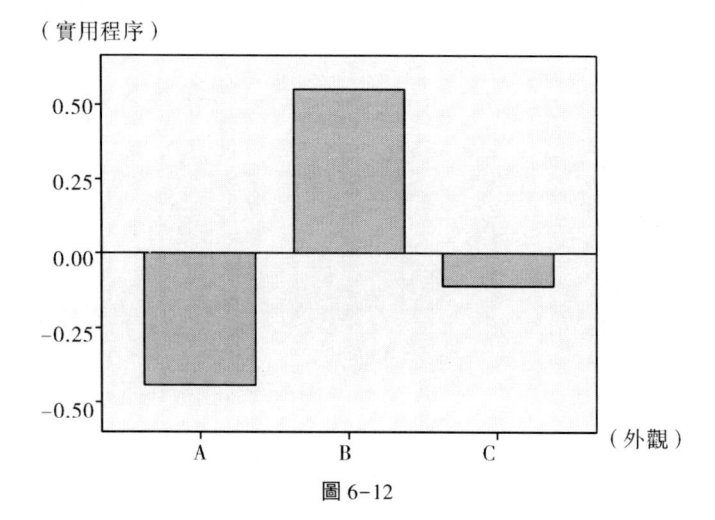

```
 0.50
 0.25
 0.00
-0.25
-0.50
      A    B    C   （外觀）
```

圖 6-12

　　圖 6-13 給出了「品牌」屬性的實用程序值，同樣，僅有「乙」為正值，即「乙」品牌的實用程序值最大。

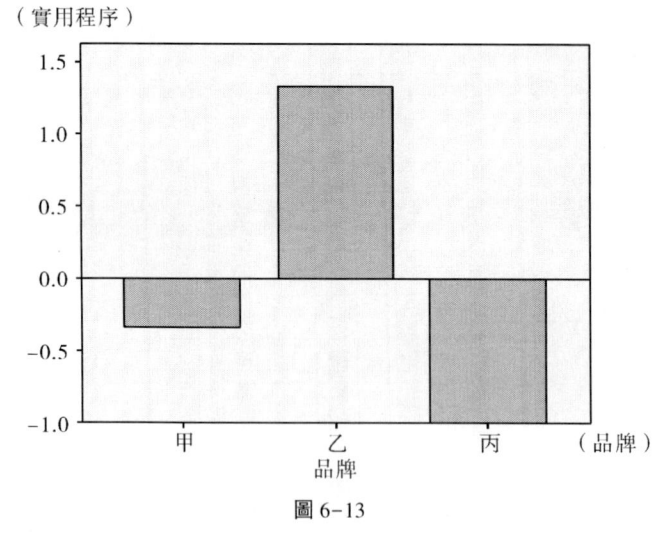

（實用程序）

```
 1.5
 1.0
 0.5
 0.0
-0.5
-1.0
      甲    乙    丙   （品牌）
         品牌
```

圖 6-13

　　圖 6-14 給出了「價格」屬性的實用程序值，三個價格水平均為負值，其中「999」的實用程序值最大。

(實用程序)

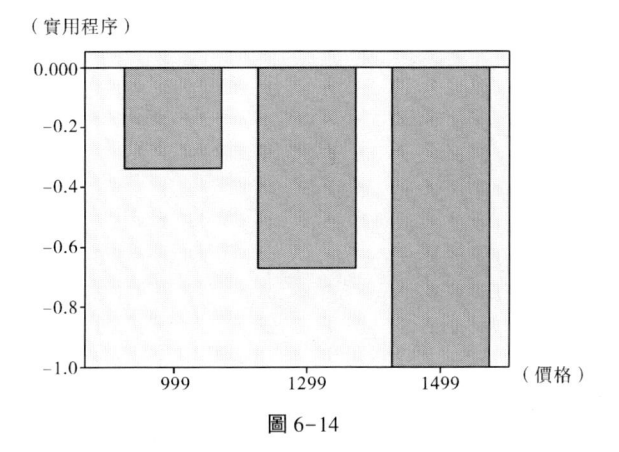

圖 6-14

圖 6-15 給出了「功能」屬性的實用程序圖，可見「基本」水平的實用程序值最大。

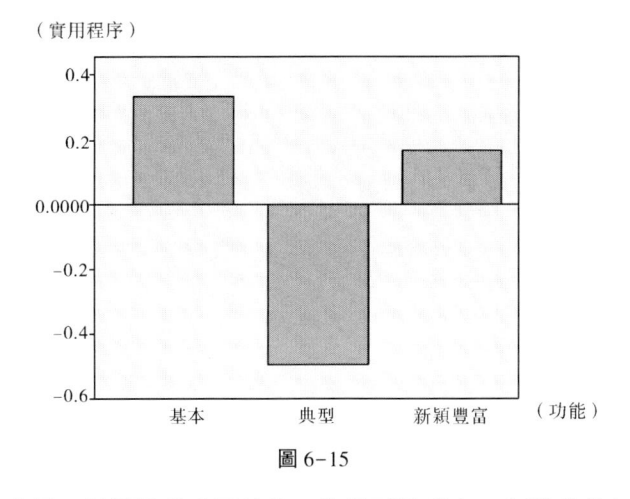

圖 6-15

圖 6-16 給出了四個屬性的重要性值，我們可以看出，在消費者心中，品牌最重要，價格第二重要，功能第三重要，外觀最不重要。

重要性值

外觀	18.729
品牌	32.956
功能	23.855
價格	24.460

圖 6-16

圖 6-17 則直觀地給出了四個屬性的平均重要性值，可見：品牌最重要，價格次之，功能又次之，外觀最不重要。

營銷策劃中的常用數據分析方法

（平均重要性）

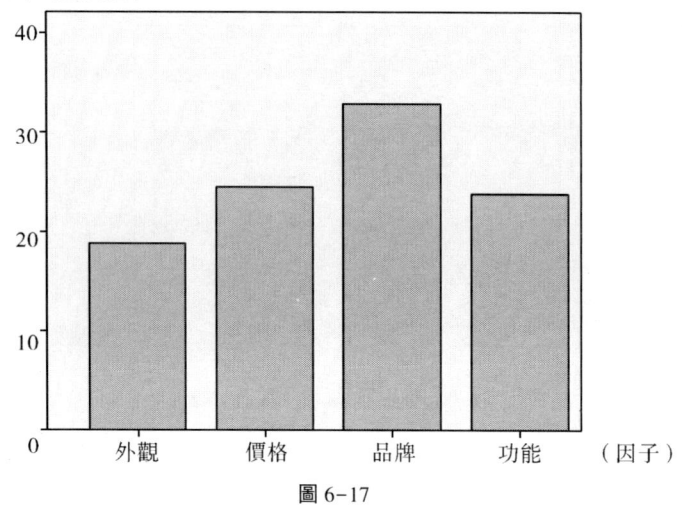

	外觀	價格	品牌	功能
40				
30			■	
20	■	■		■
10				
0				(因子)

圖 6-17

【營銷應用】

請設計調查問卷，對某新產品做市場調查，運用聯合分析的方法，指出理想的產品概念構成和各屬性重要性排序。

第七講　品牌分析

【實驗目的】

1. 掌握層次分析法之 AHP 應用。
2. 用對應分析來分析品牌。

【知識儲備】

1. 層次分析法

層次分析法（AHP 法）是一種解決多目標的複雜問題的定性與定量相結合的決策分析方法。該方法將定量分析與定性分析結合起來，用決策者的經驗判斷各衡量目標能否實現的標準之間的相對重要程度，並合理地給出每個決策方案的每個標準的權數，利用權數求出各方案的優劣次序，比較有效地應用於那些難以用定量方法解決的課題。

層次分析法根據問題的性質和要達到的總目標，將問題分解為不同的組成因素，並按照因素間的相互關聯影響以及隸屬關係將因素按不同層次聚集組合，形成一個多層次的分析結構模型，從而最終使問題歸結為最低層（供決策的方案、措施等）對於最高層（總目標）的相對重要權值的確定或相對優劣次序的排定。

運用層次分析法構造系統模型時，大體可以分為以下四個步驟：

(1) 建立層次結構模型

該結構圖包括目標層、準則層、方案層。

例如：如何在 3 個目的地中按照景色、費用、居住條件等因素選擇，見圖 7-1。

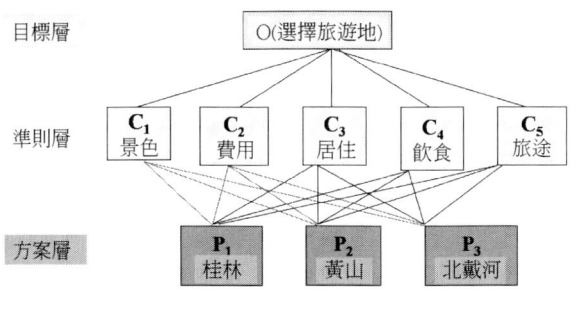

圖 7-1

(2) 構造判斷（成對比較）矩陣

從第二層開始用成對比較矩陣和 1~9 尺度，見表 7-1：

表 7-1　　　　　　　　　　　　判斷矩陣尺度

標度	含義
1	表示兩個因素相比，具有同樣的重要性
3	表示兩個因素相比，一個因素比另一個因素稍微重要
5	表示兩個因素相比，一個因素比另一個因素明顯重要
7	表示兩個因素相比，一個因素比另一個因素強烈重要
9	表示兩個因素相比，一個因素比另一個因素極端重要
2、4、6、8	上述兩相鄰判斷的中值
倒數	因素 i 與 j 比較的判斷 a_{ij}，則因素 j 與 i 比較的判斷 $a_{ji} = 1/a_{ij}$

（3）層次單排序及其一致性檢驗

對每個成對比較矩陣計算最大特徵值及其對應的特徵向量，利用一致性指標、隨機一致性指標和一致性比率做一致性檢驗。若檢驗通過，特徵向量（歸一化後）即為權向量；若不通過，需要重新構造成對比較矩陣。

（4）層次總排序及其一致性檢驗

計算最低層對最高層總排序的權向量。

$$CR = \frac{a_1 CI_1 + a_2 CI_2 + \cdots + a_m CI_m}{a_1 RI_1 + a_2 RI_2 + \cdots + a_m RI_m}$$

利用總排序一致性比率 $CR < 0.1$ 進行檢驗。若通過，則可按照總排序權向量表示的結果進行決策，否則需要重新考慮模型或重新構造一致性比率較大的成對比較矩陣。

2. 對應分析

對應分析（Correspondence Analysis）又稱為相應分析，是一種目的在於揭示變量和樣品之間或者定性變量資料中變量與其類別之間的相互關系的多元統計分析方法。根據分析資料的類型不同，對應分析分為定性資料（分類資料）的對應分析和連續性資料的對應分析（基於均數的對應分析）。其中，根據分析變量個數的多少，定性資料的對應分析又分為簡單對應分析和多重對應分析。對兩個分類變量進行的對應分析稱為簡單對應分析，對兩個以上的分類變量進行的對應分析稱為多重對應分析。

對應分析實際是在 R 型因子分析和 Q 型因子分析的基礎上發展起來的一種方法。因子分析可以用最少的幾個公共因子去提取研究對象的絕大部分信息，既減少了因子的數目，還把握住了研究對象間的相互關系。因子分析有 R 型因子分析和 Q 型因子分析兩種類型。R 型因子分析是將變量轉換為變量因子，其實質是對變量進行降維和消除相關性，變量因子的個數小於或等於變量的個數，並且變量因子之間不相關。Q 型因子分析是將樣品轉換為樣品因子，其實質是對樣品進行降維和消除相關性，樣品因子的個數小於或等於樣品的個數，並且樣品因子之間不相關。

對應分析將 R 型因子分析和 Q 型因子分析結合起來進行統計分析，它是從 R 型因子分析出發，從而直接獲得 Q 型因子分析的結果。克服了由於樣品容量大，進行 Q 型因子分析帶來的計算上的困難。另外根據對原始數據進行規格化處理，找出 R 型因子

分析和 Q 型因子分析的內在聯繫，可將變量和樣品同時反應到相同坐標軸的一張圖形上，便於對問題的分析和解釋。

對應分析的重要輸出結果之一在於，把變量與樣品同時反應到相同坐標軸（因子軸）的一張圖形上，結合計算結果，在繪出的圖形上能夠直觀地觀察變量之間的關系、樣品之間的關系以及變量與樣品之間的對應關系。為此也有人認為，對應分析的實質是將變量、樣品的交叉表變換成為一張散點圖，從而將表格中包含的變量、樣品的關聯信息用各散點空間位置關系的形式表現出來。隨著計算機軟件的應用，對應分析的方法在社會科學和自然科學領域都有著廣泛的應用價值。特別是近年來在市場調查與研究中，有關市場細分、產品定位、品牌形象以及滿意度研究等領域正得到越來越廣泛的重視和應用。

【實驗一】層次分析法

【例】旅遊景點選擇。請依據景色、費用、居住條件、飲食、旅途等因素選擇三個目的地——桂林、華山、北海中的一個去度假。

操作：首先打開 AHP 軟件，點擊「層次結構模型」下的「決策目標」得到如圖 7-2 界面。

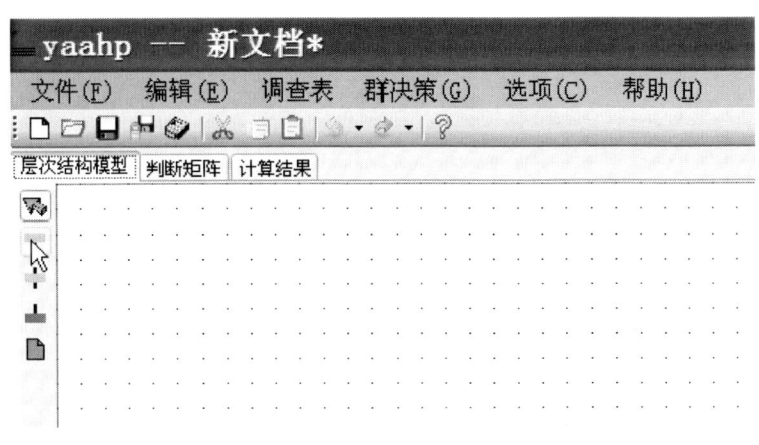

圖 7-2

在得到的「決策目標」對話框中，輸入「O（選擇旅遊地）」，如圖 7-3 所示：

[图 7-3]

單擊「層次結構模型」下的「中間層要素」，得到「中間層要素」對話框，接著複製 4 個該對話框，並排列整齊，把每個「中間層要素」對話框依次更改為 5 個因素：「C1 景色」「C2 費用」「C3 居住」「C4 飲食」和「C5 旅途」。如圖 7-4 所示：

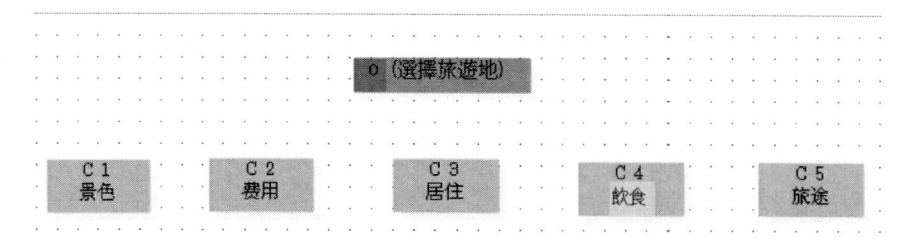

[圖 7-4]

然後單擊「層次結構模型」下的「選擇」，連接各個「中間層要素」對「決策目標」的方向線，如圖 7-5 所示：

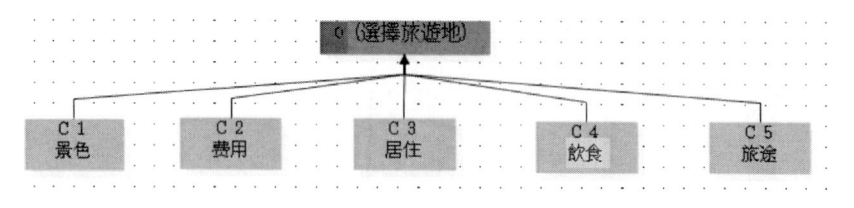

[圖 7-5]

接著單擊「層次結構模型」下的「備選方案」，得到「備選方案」對話框，並複製兩個，把其名字依次更改為「桂林」「華山」和「北海」，再依次排列整齊，如圖 7-6 所示：

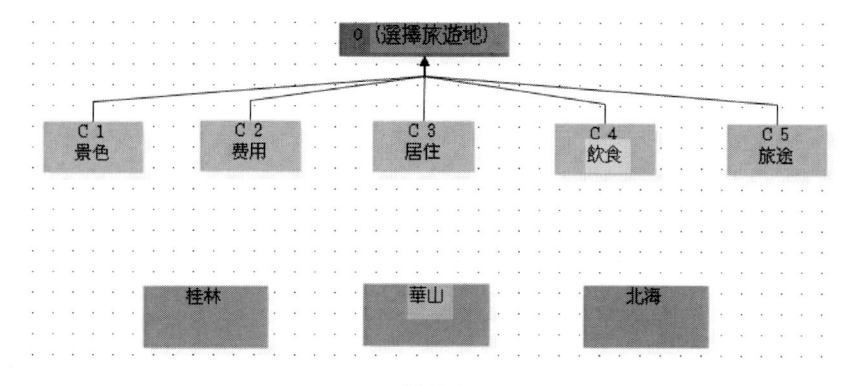

圖 7-6

同樣單擊「層次結構模型」下的「選擇」按鈕，依次連接各個「備選方案」和「中間層要素」，得到如圖 7-7 所示界面。至此，層次結構模型建模結束。

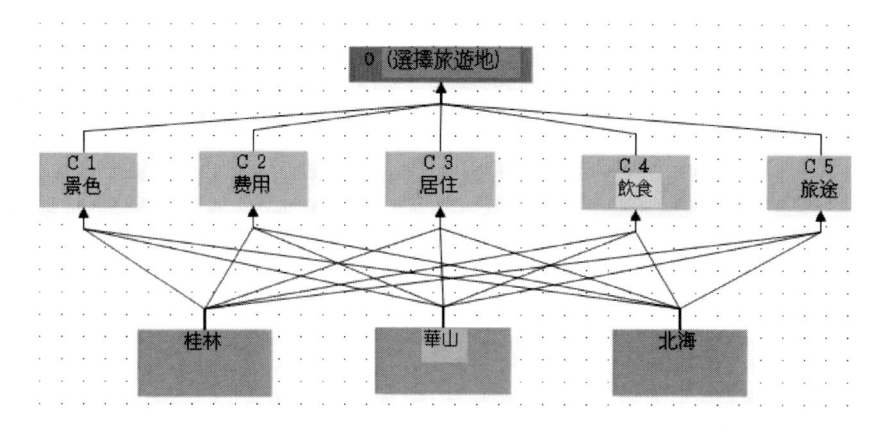

圖 7-7

單擊「判斷矩陣」，得到如圖 7-8 所示判斷矩陣表：

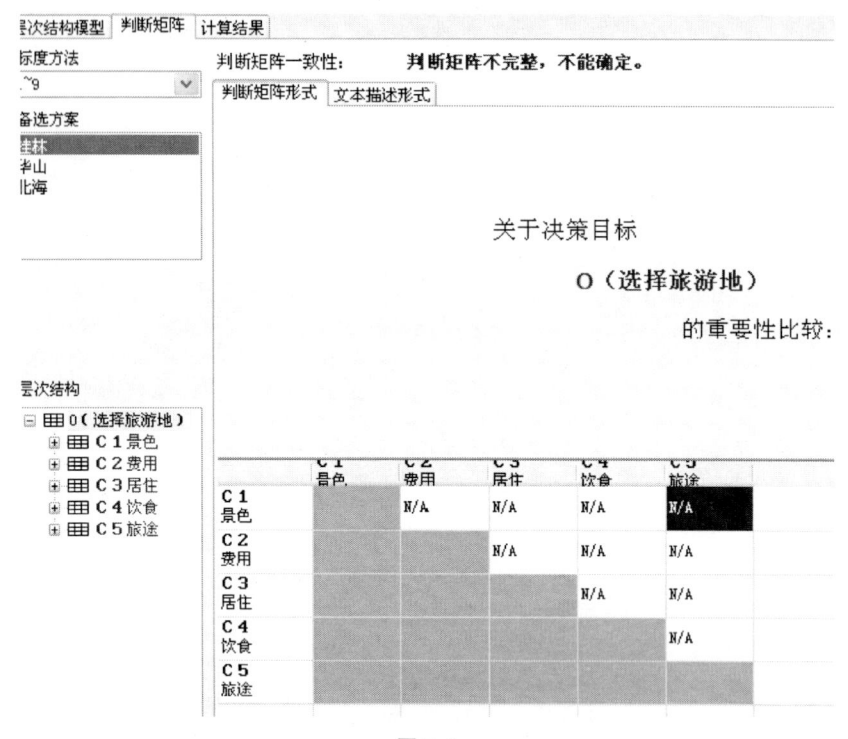

圖 7-8

接著用 1~9 分（該界面右上角，用鼠標選擇）比較各準則 C1，C2，⋯，C5 對目標 O 的重要性，即給該判斷矩陣評分賦值，1 分代表同樣重要，9 分代表絕對重要，如圖 7-9 所示：

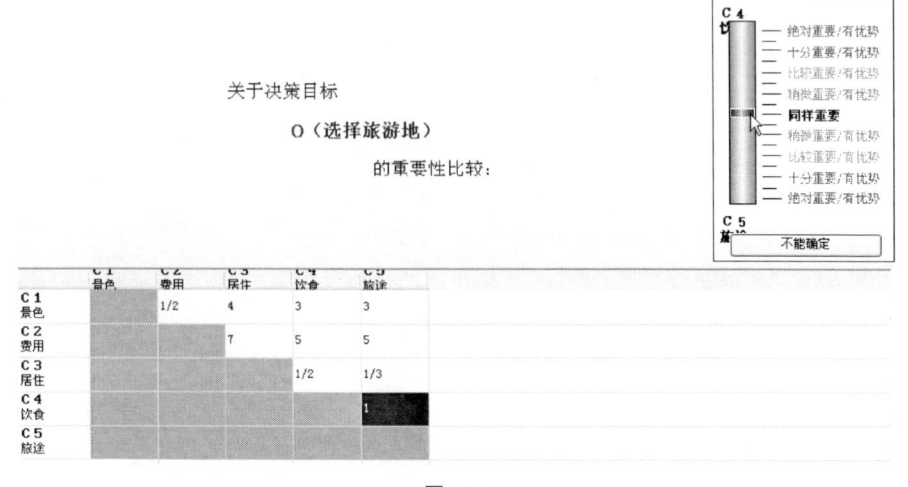

圖 7-9

給該矩陣賦值完畢後，打開「文本描述形式」，我們可以清楚地看到該矩陣的「要

素關系說明」，如圖 7-10 所示：

要素关系说明	关系
关于决策目标--"O（选择旅游地）"--的重要性关系	
关于"O（选择旅游地）","C1景色"与"C2费用"相比：	后者比前者微小重要/有优势(1/2)
关于"O（选择旅游地）","C1景色"与"C3居住"相比：	前者比后者更为重要/有优势(4)
关于"O（选择旅游地）","C1景色"与"C4饮食"相比：	前者比后者稍微重要/有优势(3)
关于"O（选择旅游地）","C1景色"与"C5旅途"相比：	前者比后者稍微重要/有优势(3)
关于"O（选择旅游地）","C2费用"与"C3居住"相比：	前者比后者十分重要/有优势(7)
关于"O（选择旅游地）","C2费用"与"C4饮食"相比：	前者比后者比较重要/有优势(5)
关于"O（选择旅游地）","C2费用"与"C5旅途"相比：	前者比后者比较重要/有优势(5)
关于"O（选择旅游地）","C3居住"与"C4饮食"相比：	后者比前者微小重要/有优势(1/2)
关于"O（选择旅游地）","C3居住"与"C5旅途"相比：	后者比前者稍微重要/有优势(1/3)
关于"O（选择旅游地）","C4饮食"与"C5旅途"相比：	两者具有相同重要性(1)

圖 7-10

接下來，評價方案層對 C1（景色）的重要性，得到方案層對 C1（景色）的成對比較矩陣，如圖 7-11 所示：

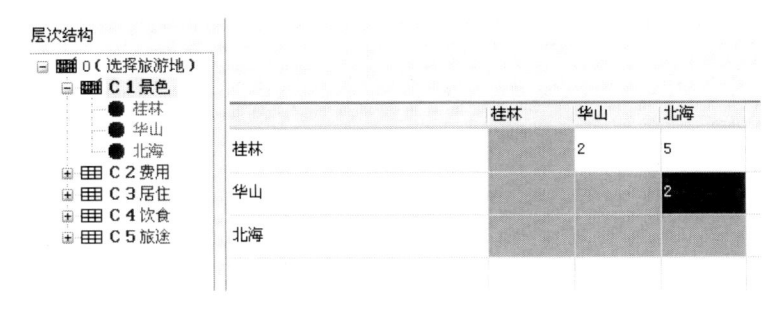

	桂林	华山	北海
桂林		2	5
华山			2
北海			

圖 7-11

然後依次完成方案層對 C2、C3、C4 和 C5 的成對比較矩陣，如圖 7-12 所示：

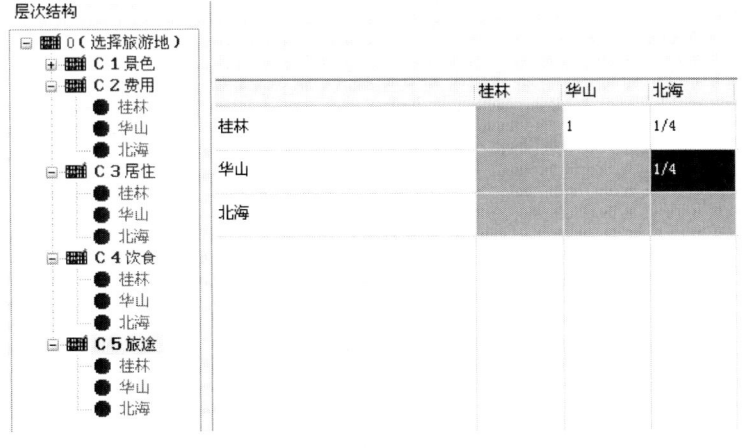

	桂林	华山	北海
桂林		1	1/4
华山			1/4
北海			

圖 7-12

營銷策劃中的常用數據分析方法

每建完一個判斷矩陣時，我們均可看到軟件對該矩陣的一致性判斷，如圖 7-13 給出了方案層對 C1（景色）的成對比較矩陣的一致性判斷：「一致：0.0053」。若出現了不一致的情況，就說明該矩陣的值需要調整。

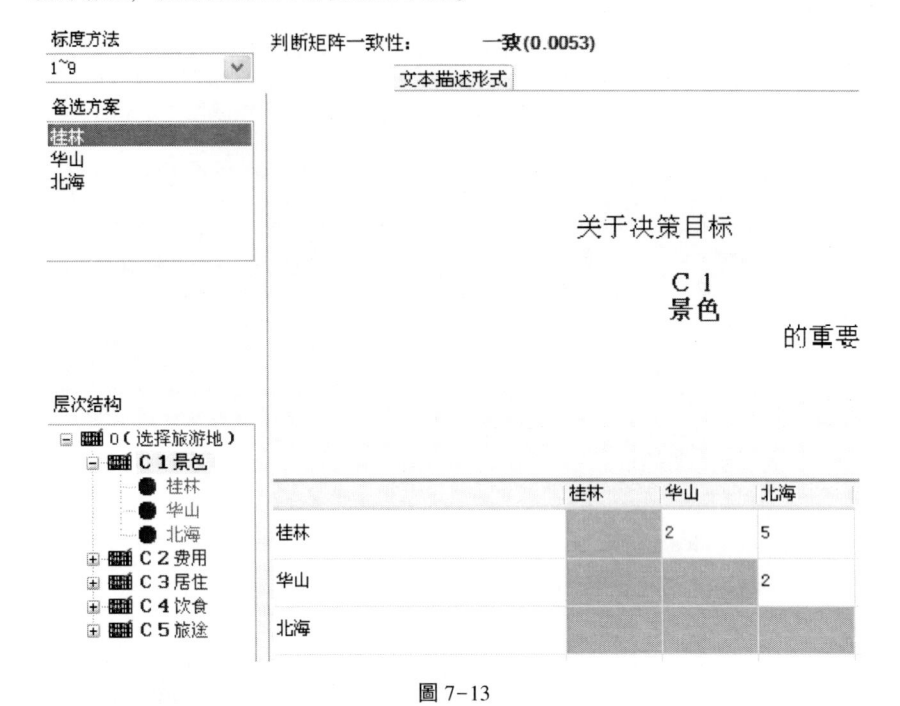

圖 7-13

單擊「計算結果」，得到的最終計算結果作為最後決策的依據，可見各方案的權重排序為北海>桂林>華山，即最後的決策應該去北海，如圖 7-14 所示：

圖 7-14

單擊「顯示詳細數據」選項，可得到每一個判斷矩陣對應的權重值，例如「中間層因素」中對目標層的權重排序為 C2 費用>C1 景色>C5 旅途>C4 飲食>C3 居住，即遊客們最看重的因素是費用，最不看重的因素是居住，如圖 7-15：

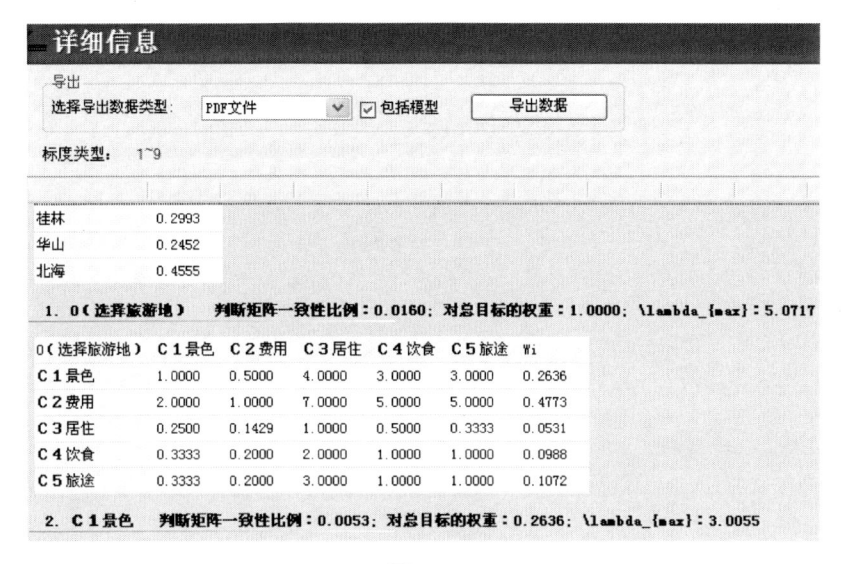

圖 7-15

【實驗二】 對應分析練習

【例】數據 7-2 是某地區消費者啤酒飲用數據，請用對應分析來分析其品牌使用。

操作：打開數據 7-2，點擊「分析」→「降維」→「對應分析」。如圖 7-16 所示：

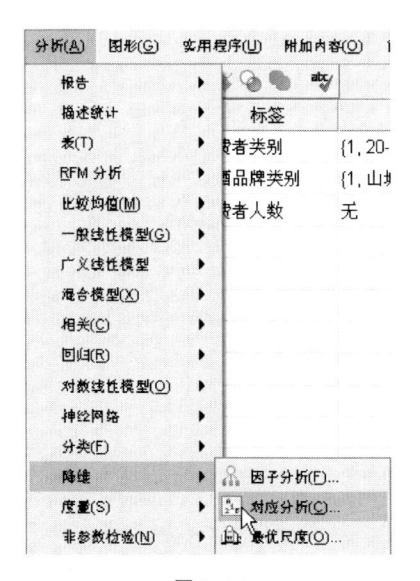

圖 7-16

在「對應分析」對話框，把「消費者組」選入「行」對話框，把「啤酒品牌組」放入「列」對話框，如圖7-17所示：

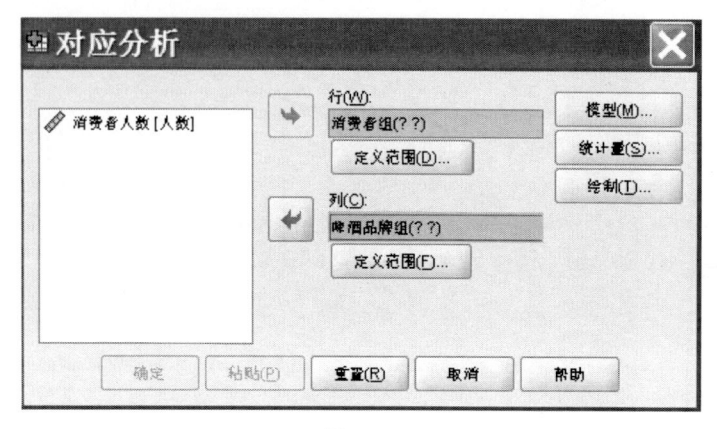

圖7-17

然後單擊「消費者組」下的「定義範圍」按鈕，因「消費者組」的變量的取值範圍為1~13，故把「1」填入「最小值」，把「13」填入最大值，接著單擊「更新」按鈕，之後單擊「繼續」按鈕，如圖7-18所示：

圖7-18

同樣，單擊「啤酒品牌組」下的「定義範圍」按鈕，因「啤酒品牌組」的變量的取值範圍為1~6，故把「1」填入「最小值」，把「6」填入最大值，接著單擊「更新」按鈕，之後單擊「繼續」，如圖7-19所示：

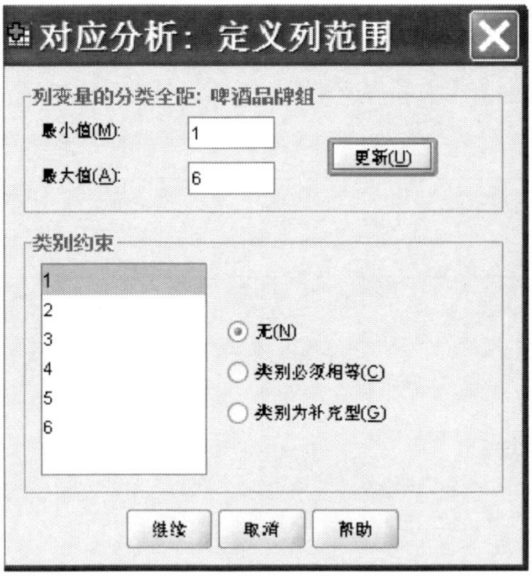

第七講　品牌分析

註：表示 60 自由度。

圖 7-19

最後，單擊「確定」按鈕，得到結果。

圖 7-20 給出了對應分析的屬性慣性分配表，「慣量」相當於特徵值，是衡量解釋數據變異能力的指標。可見第一維度展示了最多的變異 0.496，第二維度展示了第二多的變異 0.242；第一和第二維度累積解釋了 0.737 的變異。綜上分析所得出的結論是二維的對應分析效果較好。

摘要

維數	奇異值	慣量	卡方	Sig.	慣量比例 解釋	慣量比例 累積	置信奇異值 標准差	相關 2
1	.152	.023			.496	.496	.027	.148
2	.106	.011			.242	.737	.027	
3	.077	.006			.129	.866		
4	.063	.004			.085	.951		
5	.048	.002			.049	1.000		
總計		.047	56.105	.619[a]	1.000	1.000		

圖 7-20

圖 7-21 給出了概述行點的信息，「質量」表示該類別個案占總個案數目的百分比。「維中的得分」表示各個行類別在第一維度和第二維度上的得分，即對應分析散點圖的坐標值，通過該得分可以判斷行類別在每個維度上的分散情況。「貢獻」表示行點對維度或者維度對行點變異的解釋（即慣量的貢獻值），其中「點對維慣量」表示行點在該維度上的貢獻或者重要度，「維對點慣量」表示該維度對解釋該類別行點的貢獻度。

可以看出：「40～50 歲」「事業單位」和「企業管理」在第一維度上貢獻了約 65% 的慣量，是該維度上的主導行點；「40～50 歲」「專業人員」和「私營企業」的慣量在第一維度和第二維度上幾乎得到了全部的分散。

概述行点[a]

消費者類別	質量	維中的得分 1	維中的得分 2	慣量	点对維慣量 1	点对維慣量 2	維对点慣量 1	維对点慣量 2	總計
20～29岁	.106	.297	.279	.003	.062	.078	.421	.260	.681
30～39岁	.126	.198	.107	.003	.032	.014	.254	.052	.307
40～50岁	.103	-.718	-.417	.010	.349	.168	.787	.185	.972
高中	.186	.007	-.159	.003	.000	.045	.001	.180	.181
大专	.082	.090	-.119	.002	.004	.011	.058	.070	.128
本科及以上	.062	-.097	.604	.004	.004	.214	.020	.548	.568
专业人员	.068	-.136	.499	.002	.008	.159	.089	.837	.926
干部	.024	-.040	.319	.001	.000	.023	.006	.283	.290
事业单位	.025	1.027	-.944	.007	.173	.209	.548	.323	.871
企业管理	.046	.643	-.338	.004	.124	.049	.750	.145	.895
员工	.082	-.401	.106	.003	.087	.009	.771	.038	.809
私营企业	.051	-.408	-.209	.002	.056	.021	.820	.151	.971
其他	.038	.629	.023	.003	.100	.000	.843	.001	.844
有效总计	1.000			.047	1.000	1.000			

註：a 表示對稱標準化。

圖 7-21

圖 7-22 給出了概述列點的信息，從該表中可以看出：「山城 1958」和「青島純生」在第一維度上貢獻了約 89% 的慣量，是該維度上的主導列點；「老青島」和「青島純生」的慣量在第一維度和第二維度上幾乎得到了全部的分散。

概述列点[a]

啤酒品牌類別	質量	維中的得分 1	維中的得分 2	慣量	点对維慣量 1	点对維慣量 2	維对点慣量 1	維对点慣量 2	總計
山城国宾	.523	-.009	.136	.003	.000	.092	.002	.333	.335
山城1958	.294	-.277	-.062	.006	.148	.010	.607	.021	.628
雪花	.068	.433	.424	.007	.084	.115	.296	.199	.495
老青岛	.060	-.227	-1.106	.009	.020	.688	.052	.858	.910
青岛纯生	.041	1.669	-.476	.019	.746	.087	.923	.053	.976
其他	.015	.135	.226	.004	.002	.007	.011	.022	.034
有效总计	1.000			.047	1.000	1.000			

註：a 表示對稱標準化。

圖 7-22

圖 7-23 給出了行得分和列得分在二維上的散點圖，通過圖表的形式展現類別和樣本之間的潛在關系。行點和列點越接近表示關系越密切。例如喝「雪花」啤酒的消費者比較年輕（20～29 歲）；喝「山城國賓」的消費者年紀稍大（30～39 歲），多為「員工」，學歷為「高中」或「大專」；喝「山城 1958」和「老青島」的消費者則多為中

年人（40~50歲），「私營企業」者；喝「青島純生」的消費者多為「企業管理」者和「事業單位」員工。

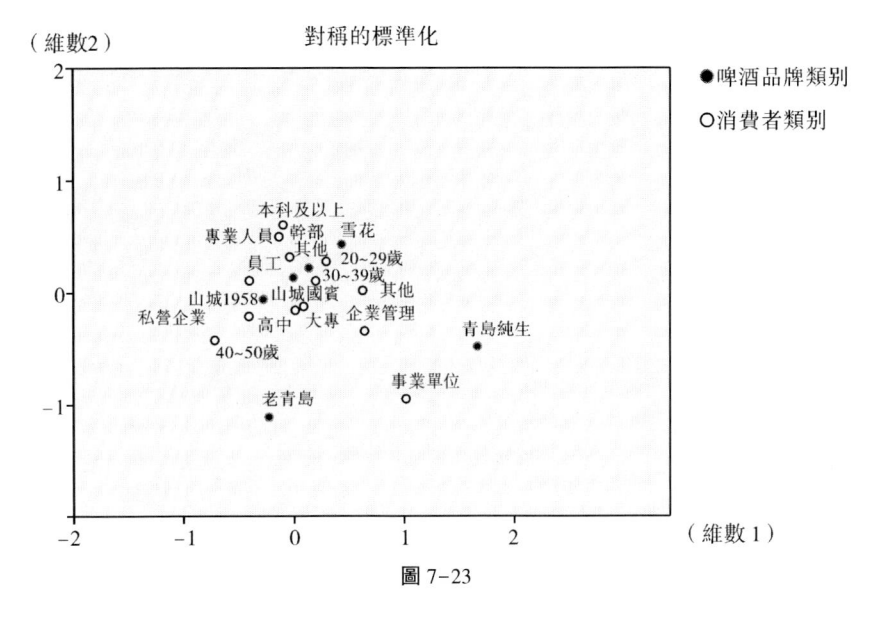

圖 7-23

【營銷應用】

1. 請利用 AHP 軟件採用「品牌」「價格」「質量」「外觀」和「服務」五個屬性給「蘋果」「三星」和「華為」三個手機品牌做評價，指出各屬性的重要性排名和選擇最合適的手機品牌。

2. 用對應分析給數據 7-3 裡的三個手機品牌做品牌分析。

第八講　廣告投入分析

【實驗目的】

掌握基於曲線估計的 S 型廣告反應模型應用。

【知識儲備】

1. 廣告銷售反應模型

隨著廣告投入的增加，銷售收益先會按比例不斷增加，在達到一定水平之後又不斷減低，其函數表達式為：$S = \exp(a - \dfrac{b}{X})$，$a, b > 0$ 或 $\ln S = a - \dfrac{b}{X}$。

邊際收益從增加變為減少的拐點是：$X = b/2$，考慮到最低銷售潛力與市場，對飽和模型進行修正，修正後的 Logistic 模型為：$S = \dfrac{a}{1+e^{-(b+cX)}} + d$。

飽和水平為 $a+d$，邊際收益遞減區域對稱點為 $d+a/2$。

如圖 8-1 所示：

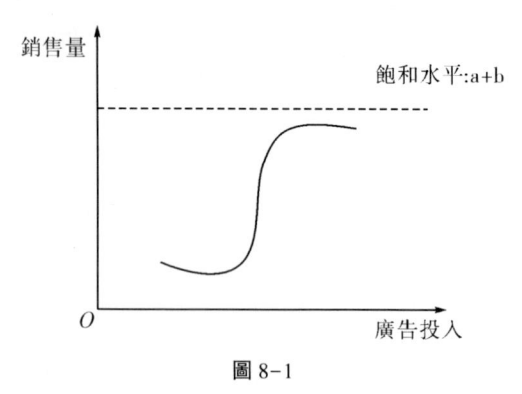

圖 8-1

【實驗一】 廣告市場反應模型練習

打開數據 8-1，點擊「分析」→「迴歸」→「曲線估計」，如圖 8-2 所示：

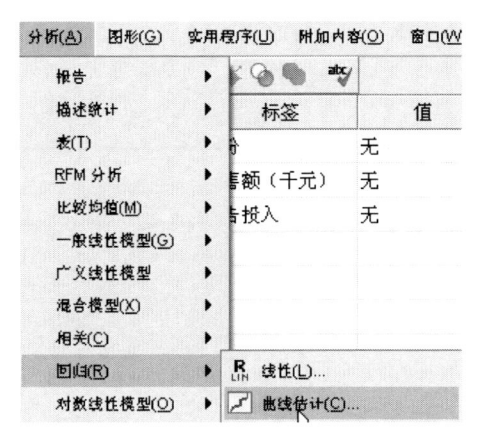

圖 8-2

在「曲線估計」界面中，把「銷售額」放入「因變量」對話框，把「廣告投入」放入「變量」對話框，在「模型」對話框中，勾選「對數」「線性」和「S」按鈕，如圖 8-3 所示：

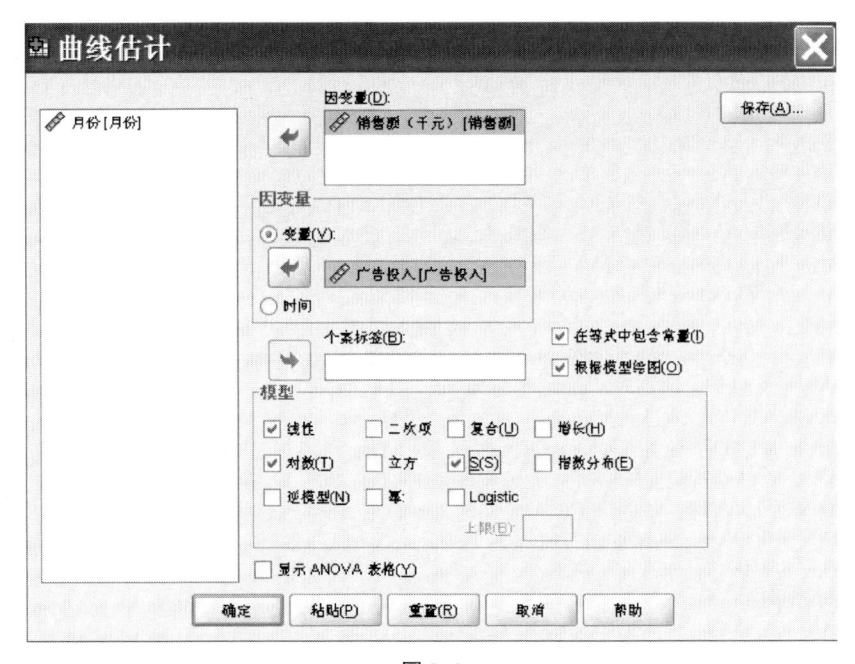

圖 8-3

然後單擊「確定」，得到迴歸結果。

圖 8-4 給出了模型匯總情況和參數估計值及相應的檢驗統計量。可以看出，三個迴歸曲線模型中，擬合度最好的是對數模型（R^2 為 0.865），其次是線性模型（R^2 為 0.798）。從 F 值來看，對數模型的擬合情況最好，其 F 值最大。三個模型的概率值都小於 0.05，故三個模型都比較顯著。同時，該圖還給出了每個模型中常數和系數的估

計結果。

模型匯總和參數估計值

因變量:銷售額(千元)

方程	模型匯總					參數估計值	
	R方	F	df1	df2	Sig.	常數	b1
線性	.798	31.562	1	8	.000	256.560	26.309
對數	.865	51.462	1	8	.000	230.307	113.181
S	.725	21.128	1	8	.002	6.192	-.761

圖 8-4

圖 8-5 給出了三個曲線模型擬合曲線及觀測值的散點圖。從該圖中可以直觀地看出，在三條曲線中，對數模型擬合的曲線與觀測值擬合得最好。

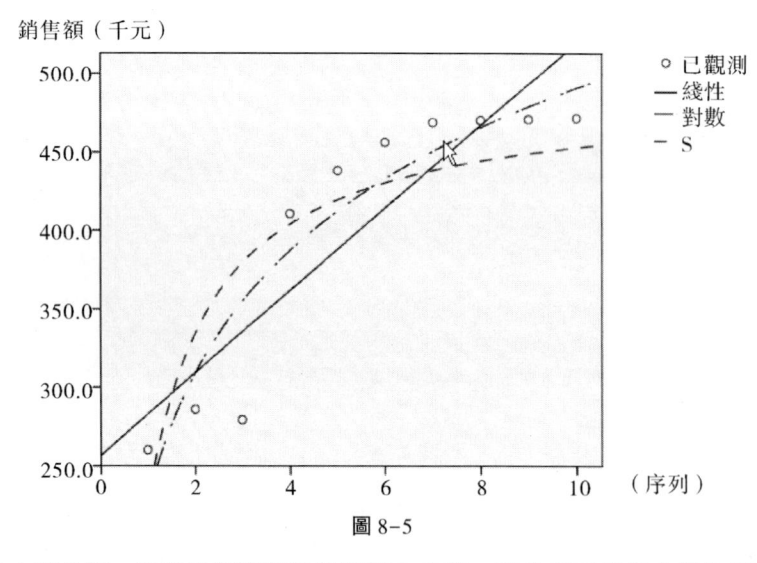

圖 8-5

綜合上述分析，我們最終選擇對數模型來建模，即我們可以得出銷售額與廣告投入之間的關係為：$y = 230.307 + 113.181 \ln(x)$，這表明廣告投入的對數每增加一個單位，銷售額增加 113.181 個單位。

【營銷應用】

請調查某企業近 5 年來的廣告投入和銷售額數據，並用曲線估計的方法擬合其廣告市場反應模型。

第九講　促銷組合分析

【實驗目的】

掌握基於線性規劃的促銷模型應用。

【知識儲備】

1. 線性規劃

線性規劃是運籌學的一個重要分支，也是運籌學中運用最廣泛的方法之一。用線性規劃解決實際問題的第一步是建立能夠完整描述和反應實際問題的線性規劃模型（以下簡稱LP模型）。通常建立LP模型有以下幾個步驟：第一步，確定決策變量，決策變量是模型要確定的未知變量，是決策者解決實際問題的控制變量；第二步，確定目標函數，目標函數決定線性規劃問題的優化方向，是模型的重要組成部分，實際問題的目標可以表述為決策變量的一個線性函數，並根據實際問題的優化方向求其最大化或最小化；第三步，確定約束方程，一個正確的線性規劃模型應該能夠通過約束方程來描述和反應一系列客觀條件或環境的限制，這些限制通過一系列等式或不等式方程組來描述；第四步，變量取值限制，一般情況下，決策變量取正值（非負值），故模型中應有變量的非負約束，但也存在例外。線性規劃的數學模型的一般形式，以MAX型，≤約束為例：

決策變量：$x_1, \cdots, x_n$。

目標函數：$\text{Max } z = c_1 x_1 + \cdots + c_n x_n$。

約束條件：

$$S.t. \begin{cases} a_{11}x_1 + \cdots + a_{1n}x_n \leq b_1 \\ \cdots \\ a_{m1}x_1 + \cdots + a_{mn}x_n \leq b_m \\ x_1, \cdots, x_n \geq 0 \end{cases}$$

Excel的「規劃求解」工具取自德克薩斯大學奧斯汀分校的Leon Lasdon和克里夫蘭州立大學的Allan Waren共同開發的Generalized Reduced Gradient（GRG2）非線性最優化代碼。線性和整數規劃問題取自Frontline Systems公司的John Waston和Dan Fylstra提供的有界變量單純形法和分支定界法。

促銷組合線性規劃的基本思想是在一定的約束條件下確定各種促銷工具變量函數的最優配置，例如廣告、銷售促進、公關和人員推銷等各種促銷工具如何實施有效的

營銷策劃中的常用數據分析方法

組合,從而達到銷量最大化或者促銷費用最小化的目標。

【實驗一】促銷組合規劃

【例】A公司準備使用戶外廣告、電視廣告、車載電視廣告和宣傳冊來進行促銷宣傳。A公司的市場部為公司產品制訂了未來六期的計劃促銷受眾數量(單位:百萬),依次是5.0、5.6、6.0、6.3、4.8和4.5。A公司的目標是在促銷費用花費最少的情況下使各期促銷受眾至少達到預期值,其餘參數如表9-1所示:

表9-1　　　　　　　　　　　　　促銷工具參數

促銷工具	每次費用 (百萬元)	每次受眾 (百萬人)	使用限制
戶外廣告	0.5	1	1~3(處)
電視廣告	0.9	7	2~4(次/天)
車載電視	0.3	3	9~12(次/天)
宣傳冊	0.4	2	1~3(萬冊)

操作:

將A公司促銷規劃基本信息與決策參數輸入Excel表中,如圖9-1所示:

	A	B	C	D	E	F
1	總線性規劃					
2	時間	戶外廣告設立點Nt	電視廣告量Tt	車載電視投放	宣傳冊數量Mt	計劃內受眾量At
3	1					50000
4	2					56000
5	3					60000
6	4					63000
7	5					48000
8	6					45000

圖9-1

接下來需要計算各種促銷工具之成本,例如在單元格B12中輸入「=5000*B3」即表示第一期戶外廣告的成本,其餘各期及各促銷工具的成本亦如此操作,如圖9-2所示:

10	综合计划成本				
11	时间	户外广告成本	电视广告成本	车载电视成本	宣传册成本
12	1	=5000*B3	0	0	0
13	2	0	0	0	0
14	3	0	0	0	0
15	4	0	0	0	0
16	5	0	0	0	0
17	6	0	0	0	0
18					
19	广告总费用				

圖 9-2

然後計算總促銷成本，將以上各項促銷工具在各期的成本相加，在單元格 B19 中輸入「=SUM（B12：E17）」，如圖 9-3 所示：

10	综合计划成本				
11	时间	户外广告成本	电视广告成本	车载电视成本	宣传册成本
12	1	0	0	0	0
13	2	0	0	0	0
14	3	0	0	0	0
15	4	0	0	0	0
16	5	0	0	0	0
17	6	0	0	0	0
18					
19	广告总费用	=SUM(B12+E17)			

圖 9-3

接著把約束條件的表達式明確出來：

戶外廣告設立點：$1 \leq N_t \leq 3$，$t = 1, \cdots, 6$。

電視投放量：$2 \leq T_t \leq 4$，$t = 1, \cdots, 6$。

車載電視投放量：$9 \leq B_t \leq 12$，$t = 1, \cdots, 6$。

宣傳冊數量：$1 \leq M_t \leq 3$，$t = 1, \cdots, 6$。

在限制條件下的各單元格輸入約束條件，例如 H3 單元格表示第一期戶外廣告設立點的數量約束，在 H3 中輸入「=B3」，其他促銷工具的約束條件同理輸入，如圖 9-4 所示：

H	I	J	K
限制條件			
戶外廣告數量	電視廣告數量	車載電視投放	宣傳冊數量
=B3	0	0	0
	0	0	0
	0	0	0
	0	0	0
	0	0	0

圖 9-4

然後把受眾數量的函數計算公式輸入「受眾數量」單元格,如圖 9-5 所示:

H	I	J	K	L
限制條件				
戶外廣告數量	電視廣告數量	車載電視投放	宣傳冊數量	受眾數量
0	0	0	0	=10000*B3+7000*C3+3000*D3+2000*E3-F3
0	0	0	0	-56000
0	0	0	0	-60000
0	0	0	0	-63000
0	0	0	0	-48000
0	0	0	0	-45000

圖 9-5

接下來進行函數求解,點擊「工具」→「規劃求解」命令,如圖 9-6 所示:

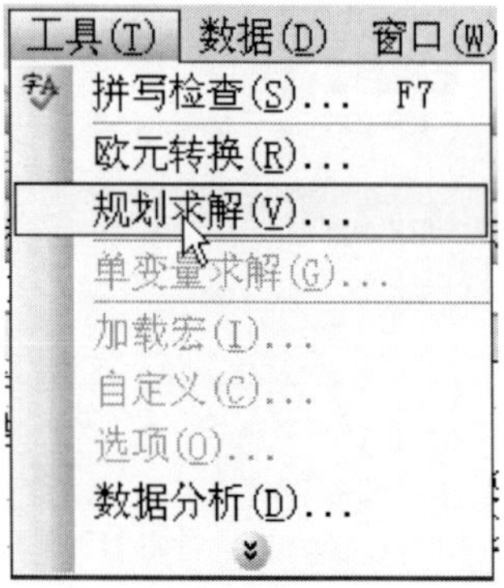

圖 9-6

在彈出的「規劃求解」界面,在「設置目標單元格」中選中本例中的目標單元格「B19」,然後勾選「最小值」按鈕,如圖 9-7 所示:

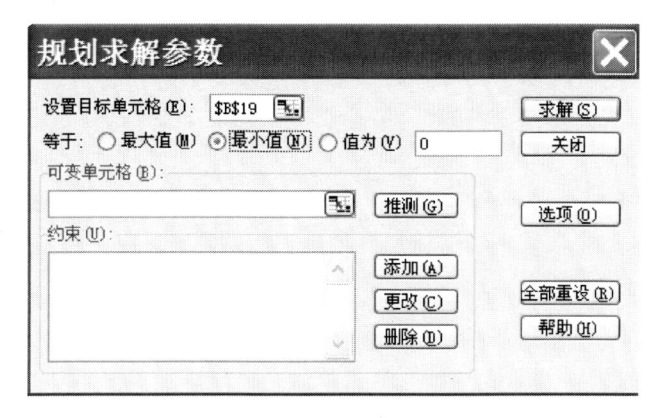

圖 9-7

在「可變單元格」中選中單元格區域「B3：E8」(二者為決策變量)，如圖 9-8 所示：

圖 9-8

點擊「約束」對話框的「添加」按鈕，進行以下約束條件的添加，如圖 9-9：

圖 9-9

123

最後單擊求解，即可得到結果，如圖9-10：

	A	B	C	D	E	F	G	H	I	J	K	L
	总线性规划							限制条件				
	时间	户外广告设立点Nt	电视广告量Tt	车载电视投放	宣传册数量Mt	计划内受众量At		户外广告数量	电视广告数量	车载电视投放	宣传册数量	受众数量
	1	1	3	12	3	50000		1	3	12	3	23000
	2	3	3	12	3	56000		3	3	12	3	19000
	3	3	3	12	3	60000		3	3	12	3	15000
	4	3	3	12	3	63000		3	3	12	3	12000
	5	3	3	12	3	48000		3	3	12	3	27000
	6	3	3	12	1	45000		3	3	12	1	28000
	综合计划成本											
	时间	户外广告成本	电视广告成本	车载电视成本	宣传册成本							
	1	5000	27000	36000	12000							
	2	15000	27000	36000	12000							
	3	15000	27000	36000	12000							
	4	15000	27000	36000	12000							
	5	15000	27000	36000	12000							
	6	15000	27000	36000	4000							
	广告总费用	522000										

圖9-10

由圖9-10可知，該公司促銷組合規劃結果為每期四種促銷組合工具的投放數量、受眾數量和成本。

【營銷應用】

請結合二手資料，在市場調查的基礎上確定某企業的幾種主要促銷組合工具及相關參數，然後用線性規劃的方法找出其最優組合。

第十講　顧客滿意度分析

【實驗目的】

熟悉基於結構方程模型（Amos）的顧客滿意度指數模型的應用。

【知識儲備】

顧客滿意度指數模型

以應用非常廣泛的美國顧客滿意度指數模型（ASCI）為例，該模型將顧客滿意度放在一個相互關聯、相互影響的因果互動系統中進行測評，可解釋消費動態過程與滿意度之間的關系，且能顯示滿意度高低可能帶來的影響效應。該模型主要由六個變量組成，即顧客期望、顧客感知質量、顧客感知價值、顧客滿意度、顧客忠誠和顧客抱怨。這六大變量是潛在變量，是無法直接觀察到的變量，通過它們建立的邏輯關系模型即為結構模型。其中顧客期望、顧客質量感知和顧客感知價值決定顧客滿意度，是外因潛在變量；顧客滿意度、顧客抱怨和顧客忠誠是結果變量，是內因潛在變量。如圖 10-1 所示：

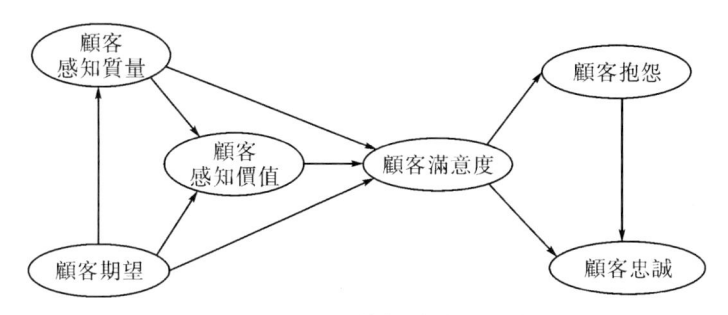

圖 10-1　美國顧客滿意度指數 ASCI 模型

【實驗一】牙膏顧客滿意度測評模型

【例】牙膏的顧客滿意度評價指標體系如表 10-1，請構建其顧客滿意度模型，並做解釋。

表 10-1　　　　　　　　　　牙膏顧客滿意度指標

品牌形象	品牌總體形象
	品牌特徵顯著度
預期質量	總體預期質量
	顧客化預期質量
	可靠性預期質量
	服務預期質量
感知質量	總體感知質量
	顧客化感知質量
	可靠性感知質量
	服務感知質量
感知價值	給定價格下，對質量感知
	給定質量下，對價格感知
顧客滿意度	總體滿意度
	感受預期滿意度
	感受其他滿意度
	感受理想滿意度
顧客忠誠度	重複購買可能性
	保留價格

操作：

打開 AMOS21.0 的 AMOS Graphics，單擊「Draw observed variables」，如圖 10-2 所示：

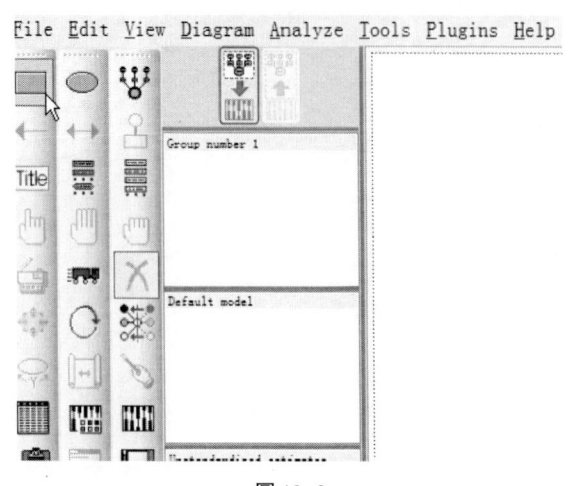

圖 10-2

然後在右邊的空白區域繪出第一個觀測變量，如圖 10-3 所示：

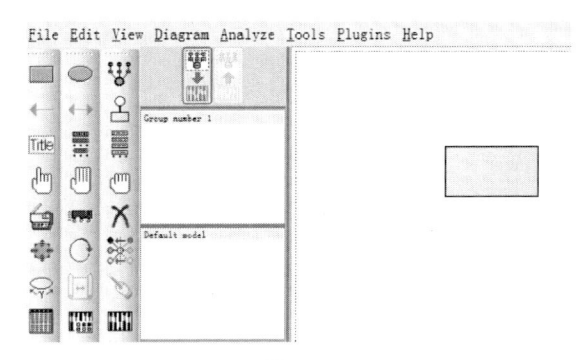

圖 10-3

雙擊觀測變量圖形，得到如圖 10-4 所示對話框：

圖 10-4

在「Variable name」對話框中，填入第一個觀測變量的名稱「品牌形象」，如圖 10-5 所示：

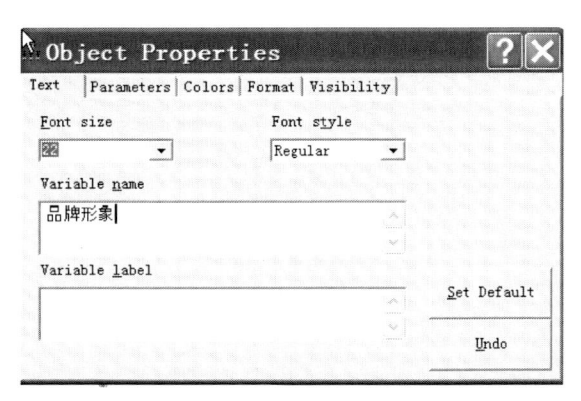

圖 10-5

接著用同樣的步驟把觀測變量「預期質量」「感知質量」「感知價值」「顧客滿意

度」和「顧客忠誠度」繪出，並用箭頭匯出路徑，如圖10-6所示：

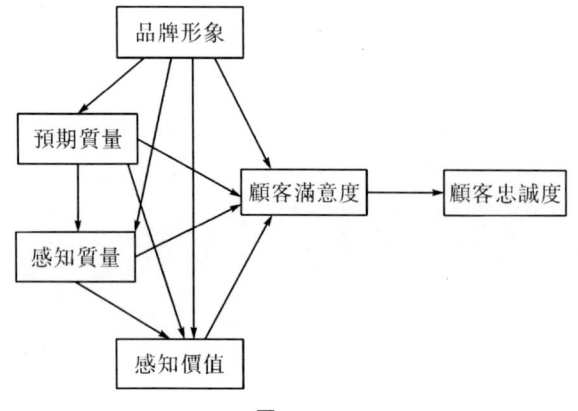

圖 10-6

然後單擊「Add a unique variable to an exitsting variables」按鈕，給各觀測變量添加，如圖10-7所示：

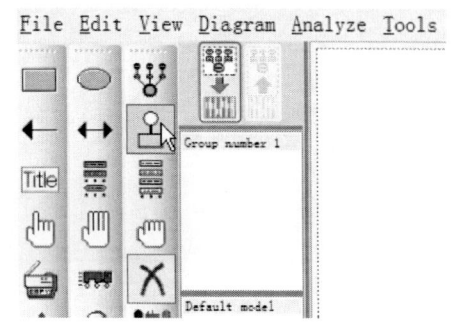

圖 10-7

至此，結構方程模型繪圖建立完畢，如圖10-8所示：

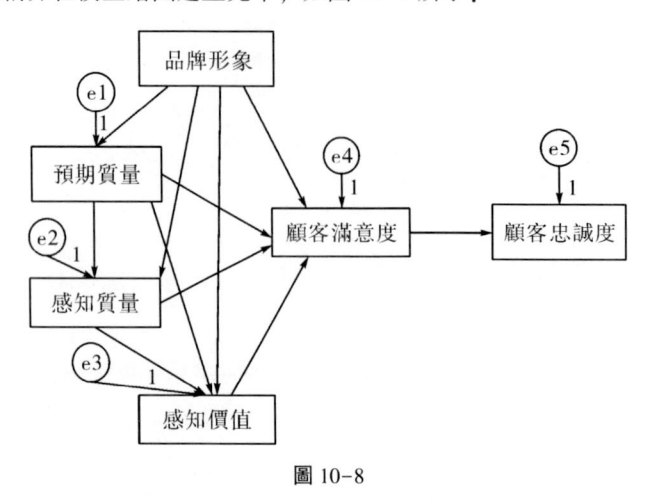

圖 10-8

單擊「保存」，為其命名為「牙膏顧客滿意度模型」，然後單擊「選擇數據文件」，如圖 10-9 所示：

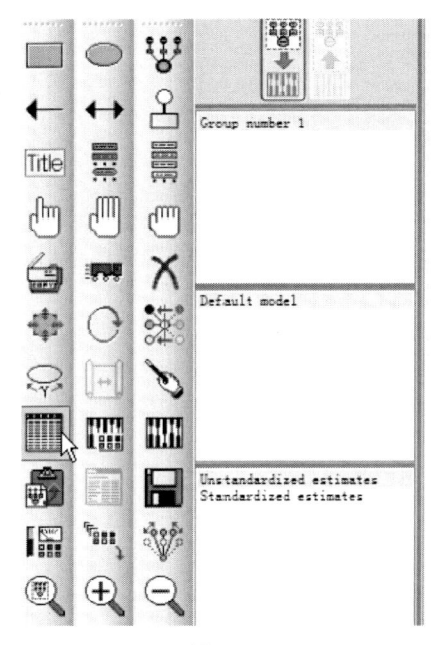

圖 10-9

接著在打開的窗口中找到數據文件「牙膏滿意度數據」，單擊 OK，如圖 10-10 所示：

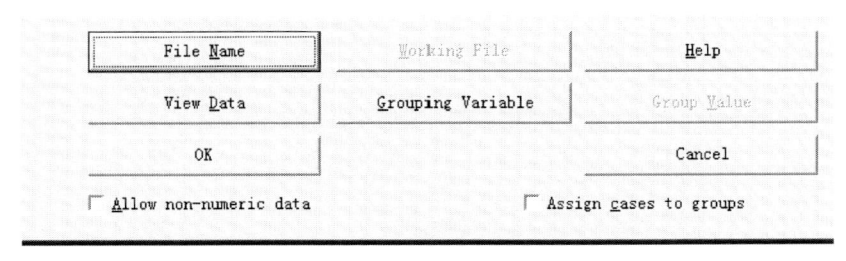

圖 10-10

然後單擊「Calculate estimates」，如圖 10-11 所示：

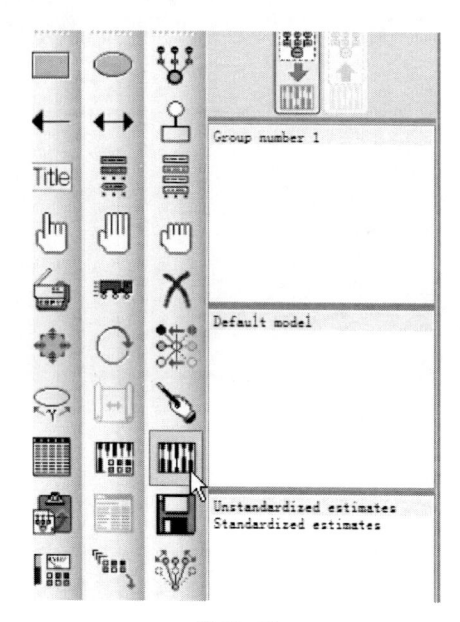

圖 10-11

單擊「View the output path diagram」，如圖 10-12 所示：

圖 10-12

接著得到如、圖 10-13 的結果：

第十講　顧客滿意度分析

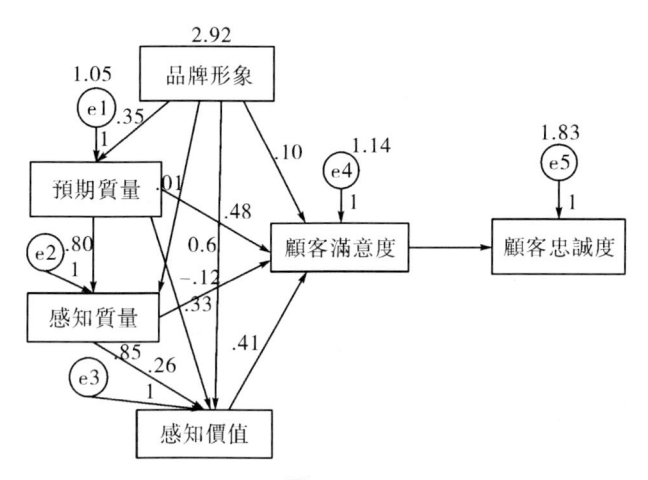

[圖示：品牌形象、預期質量、感知質量、感知價值、顧客滿意度、顧客忠誠度之路徑圖，含參數 2.92、1.05、1.35、1.14、1.83、.10、.48、.80、0.6、−.12、.33、.85、.26、.41 等及誤差項 e1~e5]

圖 10-13

點擊「View Text」按鈕，如圖 10-14 所示：

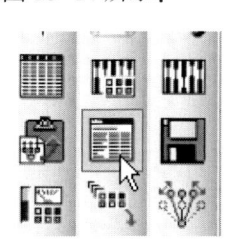

圖 10-14

得到該模型的輸出視窗，從「Model Fit」中可以得到其 GFI 值為 0.974，AGFI 為 0.863，RMSEA 值為 0.104。其中其 AGFI 值小於 0.9，RMSEA 值大於 0.08，表示假設模型與觀測數據無法適配，該模型有待進一步修正。我們將誤差項 e4 和 e5 由固定參數改為自由參數，如圖 10-15 所示：

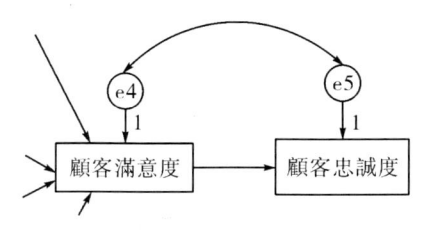

圖 10-15

然後重新計算模型，得到其卡方值為 3.437，顯著性概率 P = 0.329>0.05，AGFI 值 = 0.929>0.900，GFI 值 = 0.989>0.900，RESMA 值 = 0.038<0.05，均達到模型可以適配的標準，表示修正後的假設模型與觀察數據適配，最終模型如圖 10-16 所示：

131

營銷策劃中的常用數據分析方法

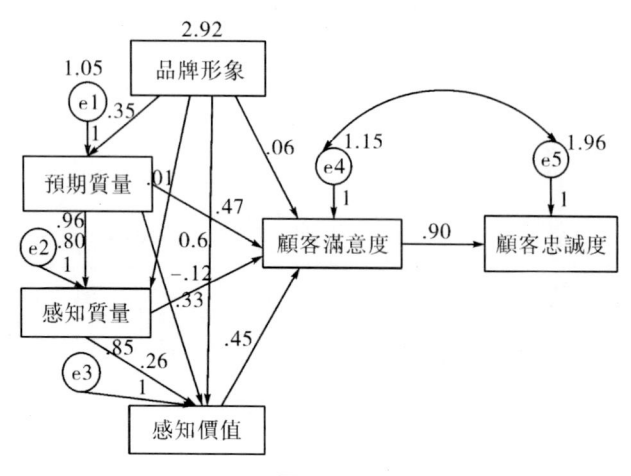

圖 10-16

根據上述的數據分析，對於牙膏顧客滿意行為，有如下結論：
1. 在所有觀測變量中，預期質量對顧客滿意的影響最大。
2. 感知質量對顧客滿意有較強的直接正向影響。
3. 顧客滿意度與顧客忠誠度有強烈的正向關系。

【營銷應用】

　　請結合 ASCI 模型，在市場調查的基礎上，嘗試構建某行業的顧客滿意度模型，並用 AMOS 軟件進行分析。

國家圖書館出版品預行編目(CIP)資料

營銷策劃中的常用資料分析方法 / 樊華 主編. -- 第一版.
-- 臺北市：崧博出版：財經錢線文化發行，2018.11

面； 公分

ISBN 978-957-735-629-1(平裝)、

1.網路行銷 2.電子商務

496　　107017407

書　名：營銷策劃中的常用資料分析方法
作　者：樊華 主編
發行人：黃振庭
出版者：崧博出版事業有限公司
發行者：財經錢線文化事業有限公司
E-mail：sonbookservice@gmail.com
粉絲頁　　　　　　網　址：
地　址：台北市中正區延平南路六十一號五樓一室
8F.-815, No.61, Sec. 1, Chongqing S. Rd., Zhongzheng
Dist., Taipei City 100, Taiwan (R.O.C.)
電　話：(02)2370-3310　傳　真：(02) 2370-3210
總經銷：紅螞蟻圖書有限公司
地　址：台北市內湖區舊宗路二段 121 巷 19 號
電　話：02-2795-3656　傳真：02-2795-4100　網址：
印　刷：京峯彩色印刷有限公司（京峰數位）

　　本書版權為西南財經大學出版社所有授權崧博出版事業有限公司獨家發行電子書及繁體書繁體版。若有其他相關權利及授權需求請與本公司聯繫。

定價：250元

發行日期：2018 年 11 月第一版

◎ 本書以POD印製發行